做独立的女子，
有多艰难
就有　多值得

李媛媛 ｜ 著

北方文艺出版社

图书在版编目（CIP）数据

做独立的女子，有多艰难就有多值得 / 李媛媛著
. -- 哈尔滨：北方文艺出版社，2019.9（2021.12 重印）
ISBN 978-7-5317-4346-0

Ⅰ.①做… Ⅱ.①李… Ⅲ.①女性－成功心理－通俗
读物 Ⅳ.① B848.4-49

中国版本图书馆 CIP 数据核字（2019）第 165273 号

做独立的女子，有多艰难就有多值得
ZUO DULI DE NÜZI, YOU DUOJIANNAN JIUYOU DUOZHIDE

作　者 / 李媛媛

责任编辑 / 富翔强　徐　昕　　　　装帧设计 / **WONDERLAND** Book design
　　　　　　　　　　　　　　　　　　　　　　仙境 QQ:344581934

出版发行 / 北方文艺出版社　　　　　邮　编 /150008
发行电话 /（0451）86825533　　　　经　销 / 新华书店
地　址 / 哈尔滨市南岗区宣庆小区 1 号楼　网　址 /www.bfwy.com

印　刷 / 天津旭非印刷有限公司　　　开　本 /880×1230　1/32
字　数 /140 千　　　　　　　　　　印　张 /8
版　次 /2019 年 9 月第 1 版　　　　印　次 /2021 年 12 月第 2 次印刷

书　号 /ISBN 978-7-5317-4346-0　　定价 /39.80 元

推荐序

李媛媛同学身上的标签很多：称职的母亲、强大的军嫂、坚定的创业者，还有自律的健身女。你把这些标签演绎得都很精彩，如今你出书了，同学们真心为你感到骄傲，愿你的拼搏精神和追梦的心，能鼓励和影响更多的人。

中国人民大学商学院MBA 2017级P6班全体同学

"脸书"女高管雪莉·桑德伯格的《向前一步》离我们的生活太远，韩国前总统朴槿惠的《绝望锻炼了我》一书太过钩心斗角，而杨绛先生的《我们仨》又浓墨于家庭，而这本《做独立的女子，有多艰难就有多值得》是每一位在平凡中成长的女性的真实自我写照。

无论你处在生活的何种阶段，都可以尝试着从这本书中找到力量和光芒。

少林武术文化投资集团董事局副主席、
彩虹蜗牛教育集团创始人、
天津市大学生创业导师余笛

这是我所读过最真实、最激励人心的故事，包括信念、坚定和友谊，它折射出善良的温柔，还有坚定的执着，仿佛是一道自带温暖的光。

　　同为女性，我们都希望做独立的女子，是的，这有多艰难就有多值得，独立是一束光，它温暖你我，带给我们无限力量。

共享加科技有限公司创始人　张瀛莹

序一

真正独立的女子，都活成了一束光

和李媛媛结识，与我和大多数合作的老师结识差不多，刚开始没有什么让我印象特别深刻的，后来慢慢地接触多了，她的独立、韧劲以及对自己所做事情的虔诚态度，深深地感染了我。

她有家庭、事业，在安排得满满当当的日常生活中，抽出很大一部分时间投入到学习中，真的很不容易。

"活到老学到老"，简简单单的一句大家都知道的话，但又有几个人能做到呢？而在她身上，我真的感知到了这种劲头。但凡经历过全日制教育的人都知道，学习很多时候不可避免面临有点儿枯燥感的刻意练习，但在媛媛老师身上，我觉察到的反倒是一种越发澎湃的激情，似乎一切未知事物都会吸引她的好奇心，这样的好奇心，这样的学习劲头让我由衷佩服。

就拿学习写作这件事情来说，她在得知我是一名从业多年，在业内还算做出过一定成绩的内容策划人之后，便跑来向我请教写作的事情。在我表示她已经写出了自身潜力之下能达标的文章时，她还是坚持探索如何可以更好。她那精益求精、力求完美的劲头，很是打动人心。

后来，她要我以最严苛的标准去指导她写作，并表示因为充分考虑我的工作时间不被占用，希望每周一下班后到公司与我交流半小时。足足半年的时间，对于一个有家庭、事业的人来说，每周雷打不动地准时准点过来虚心求教，真不是一般人可以办到的，而她——李媛媛就做到了。

她的这本书很像是随笔集，行文充满她对生活的思考，尤其打动我的是独立女性的坚持。独立，一个泛化的词语，当下时刻被大众提起，但是有几个人能做到呢？顾家还是顾工作，孩子第一位还是梦想第一位，这些无解之问，谁都无法给出准确答案。但在读了她的这本书后，我多多少少知道了一些答案。

或许，就像她说的那样，真正独立的女子都活成了一束光。

她的世界里总是鲜花满地，阳光明媚。读这些文章的时候，就感觉和她在一起聊天似的，既没有立意的曲高和寡，也没有文字上的佶屈聱牙，有的是缓缓而出的情真意切以及娓娓道来。那些让人感到亲切的小故事，那一幅幅鲜活而平实的生活画面，那一段段让人向往的友情，让人身心愉悦。细细想来，这些不就是我们的生活，我们身边的朋友吗？

接触多了，我知道媛媛老师是个特别有情怀的人，不是那种泛文艺化的情怀，而是那种坚定地帮助更多女性成长的一往无前的情怀。这么多事情压在她身上，学习、照顾家庭、开创事业，都需要她付出精力和时间。即便如此忙碌，我也从未见她有埋怨或是泄气。

在我想来，真正独立的女子就该和李媛媛一样吧。在完善自己的同时，将热情放到自己喜欢的事业上。如今这个时代有太多的女性在最美好的年华，被埋怨、压力、烦恼等占据了生活的边边角角，庆幸的是，这世上还有许多像李媛媛老师这样的女性，用自己的人生去为广大女性赋能。

真正独立的女子都活成了一束光，这束光出现之后，会划破无边的黑暗。

祝贺活成一束光的你——李媛媛！你的这本书，必然会影响到许许多多的女性。同时，非常期待你的下一部作品。

刘 sir

2019 年 3 月 17 日于北京

序二

不负时代不负卿

　　李媛媛是我的学生，也是我印象最深刻的学生之一，因为她最能"折腾"。

　　首先，跨界折腾。

　　她本来是理科出身，却偏偏喜欢折腾社会领域的事情，拥有双硕士学位，用她的话说，学理科是因为喜欢数学，学企业管理是因为热爱，希望做与人打交道的工作，读MBA（工商管理硕士）是为了自身事业的发展，是一种从人生规划角度出发的自我投资。因此，媛媛对很多领域很有兴趣，对每门课程都会执着地学习。

　　几乎所有活动她都积极参加并参与组织，贡献自己的力量，是一个正能量满满的人，乍一看，媛媛的身板略显单薄，但每次交流我都能感受到那种澎湃的激情，充满好奇心，充满求知欲。

　　而她的这本像是随笔集的书，行文充满心流。琐碎而又不失严谨的结构，平淡而又不失触动心灵的神来之笔，跟她充满激情的思考分不开，她的世界里总是鲜花满地，阳光明媚。读她的书就像是在跟她当面聊天，一个个像是发生在身边的亲切的故事，一幅幅鲜活平实的画面，一段段深情款款的友情，令人轻松愉快、心旷神怡。偶尔回过神来想一想，这不正是我们自己的故事、自己的生活、自己的朋友吗？原来这就是共鸣。看来不折腾，生活就没有这么美好。

其次，跨业折腾。

公益事业渐有起色，她却偏偏对女性教育兴趣浓厚。

媛媛是个很有情怀的人，不是那种文艺化的情怀，而是真情实感且愿意为之付出努力的情怀。嫁给军人需要情怀，她以身相许、相夫教子；公益事业需要情怀，她投入其中，乐此不疲；女性教育事业需要情怀，她孜孜以求，锲而不舍。

不同的事业、不同的产业，她一直在寻找其中的真谛。

几年接触下来，在学生当中，我与她交流的频次最高，但我从没听到过她抱怨，哪怕是学生"时间紧张""学习任务重"等大家习以为常的口头禅，我也没听她说过。用她的说法是，幸福的状态就是这样的呀！

我看到太多女性朋友在美好的年华，被抱怨、压力、烦恼压得喘不过气来，她就想做大家的"天使伙伴"，擦亮姐妹们的双眼，为自我赋能，绽放本就璀璨的人生色彩，真正做到不负时代不负卿！

文如其人，人如其文，这样的媛媛同学是难得的良师益友。

老师祝贺你，此书必将收藏，也非常期待你的下一部作品。

中国人民大学商学院MBA项目课程教授　奉金明

2019年3月16日于北京

$\underset{\text{ontents}}{C}$ 目 录

第二章

越是艰难的日子，越要甜着过

第三章

从没有一种坚强会被辜负

第六章

请把所有力气都留着变美好

第一章

独立是一个人的清欢

Hold 住事儿，更要 hold 住心

　　记得有一年公司组织去泰国旅游，同事们去超市买水，整箱整箱地搬，都是男生在做，我从容地拎着一箱水就上了车，这让很多男同事向我行注目礼，我心想：这点事儿，还能 hold（hold：英文原意指"把握"，现演变为流行语）不住吗？我可是"女汉子"啊！

　　对于工作，我也敢拼，出去组织活动，我可以一天不喝水，从策划、组织、执行、活动报道到总结，执行力时刻在线；为了提升写作能力，我每天早上不到五点就起床练习，前一天把工作处理完之后，电脑和资料都摆好放在桌上，给自己一个特别有仪式感的开始；我也会利用上下班时间，修改作业或是处理工作，不去学身边那些追剧或玩游戏的人；就连在出租车上，我也会低头处理给自己额外加项的工作。

　　因为我知道，这是一个努力的人该有的样子。

　　而这样的想法，让我在休息时也无法放下工作和学习。

去年夏天，我和家人一起去青岛旅游，大夏天的，从一个暴晒的北京，来到更加暴晒的青岛，而我的心情，跟天气一样，也变得特别暴躁，因为，我能利用的工作时间变少了。

没办法，当家人去海里游泳，我就只能躲在帐篷里焦虑，心想着，与其这样还不如待在公司吹空调加班呢！赶往下一个景区，坐车的时候，我也只是抱着书在静静地看，这样做，为的就是不浪费掉一分一秒的时间。他们晚上出去吹海风，我就找借口在宾馆里工作。

而当真一起玩的时候，我很难将心思放到一件事情上，手里做着眼前的事情，心思却飘到工作上，整颗心被揪得生疼，有一种人生被耽误的感觉。

老公觉察到我的状况，实在看不下去，就嗔怒地对我说："你这样像是出来玩的吗？要不回家上班儿吧！"

我很委屈：一个勤奋努力又不愿停止前进的人，你根本就不懂。

这样的日子持续了许久，有几次闺密见到我说："媛媛，你的皮肤最近怎么变得这么差啊？"

我笑着说："可能最近压力大了点儿吧。"

可我心里并没这么觉得。

爸妈给我打电话，总是嘱咐我：媛，别太累，别给自己太大的压力。

我说：嗯……嗯，知道了……知道了。

做父母的，总习惯叮嘱我们好好吃饭，好好休息，我渐渐地也习惯了安抚他们。

但他们怎么知道，现在年轻人没压力又哪来快速成长呢？

刷朋友圈，看到同行与大公司谈成了合作，我很焦虑；看到同学不是财务自由就是梦想照进现实，我很羡慕；再看看自己备忘录里今年要做的事，给自己制订的计划，才完成了一点，我很心酸。

所有这些，都让我反思，大家都在努力追赶，我怎么还好意思享受生活？

于是，我继续去拼，将生活填满，也收获了"种瓜得瓜，种豆得豆"的结果，小小晒一下成绩，就有很多朋友点赞和留言：你真优秀，精力充沛，又有激情，工作、生活、家庭、学习都处理得很棒，太让人佩服了！

我看了心里也美滋滋的，一个在创业期，有孩子，读MBA，兼顾许多项目，还有精力培养自己第二技能的女性，就要具有hold全场的能力，否则如何实现自己想要的未来？

而我，也很享受这种随时随地进入工作的状态。

虽然，我不喜欢说"但是"，但是，该来的挡也挡不住。

那天，当我封闭培训2周后回家，洗澡时，忽然摸到自己身上长了一个疙瘩，当时心里还挺害怕：什么时候长的？怎么之前完全没发现？

带着惴惴不安的心情，我赶紧去医院检查，托朋友找专家看片子，医生给的建议都是：需要做手术。

而当时，我手头还有两个项目在推进，有几个重要约谈等我去赴约，我就问医生：做完需要休息吗？能马上上班吗？

医生抬眼看了一下我，把拍的片子递给我：身体是你的，先养好再说吧。

我被堵得哑口无言。

住院的前一天，我不甘心，又主动约了一位负责人跟进项目，因为怕手术后时间耽误太久。

然后，背着电脑，带着考试资料，我就去住院了。

医院病房里，住的都是年过半百的大姐，她们的病情比我严重很多，看着她们输液治疗，家长里短地聊天，我有些恍惚，昨天还是能量满满的"女战士"，怎么今天就住进医院躺在病床上了？我真有点儿穿越的感觉。

因为做的是"局麻"，手术台上我还很清醒，为了分散自己的注意力，我就反思：似乎这段时间我什么事都没做成，却收获了一个疙瘩，如今还要等待最终判决，看病理检查是否是良性的，想想都挺悲凉的。

一向自信满满的我，忽然像坐过山车一样，内心能量降到了最低点。我开始回顾自己的人生，自己现在都在做些什么？

以前，我总喜欢用"天将降大任于斯人也，必先苦其心志，劳其筋骨，饿其体肤"来激发自己的斗志，慰藉自己苦行僧一般的心；总觉得自己可以hold住一切，能同时处理很多事，对自己要求高，出手也狠。

现在，躺在病床上，医生告诉我肿瘤是良性的，我反而没有很激动，我觉得这是身体给我的一个明确信号，让我知道，虽然我自己想要快速成长，实现自我价值，但必须将自己的节奏放缓，抚慰自己急于求成的心。

后来，看武志红老师公众号里的一篇文章《那些从不在朋友圈崩溃的年轻人》，讲到一个故事：曾经有支登山队攀登一座海拔五千米的高山，爬到一半时，有个人出现强烈的高原反应，虽然他非常想要登上顶峰，可不得不选择停在原地，等其他人登顶成功后，再与他们一同下山。

后来，有一名记者采访他，问道："你没有登上山顶不会感到遗憾吗？"

这位登山者安静地回答说："这有什么可遗憾的？我已经达

到了我的极限，达到了我一生的顶峰，这已经很棒了。"

这个故事对我影响很大，这名登山者既然选择登山，就不是一个缺乏抗压能力的人，但在未能登顶时，他懂得安抚内心，不逼迫自己做超过欲望的事情。

而对于我这样一个习惯做加法，擅长自动自发，不喜欢懒惰和拖延的人来说，即便没有困难，我也要制造困难，特别不会给自己做减法和享受放松。

手术之后，我恢复上班，正好看到一本书《一平方米的静心》，里面有一个方法：当我坐车时，告诉自己在坐车；当我陪孩子时，告诉自己在陪孩子；当我上课时，告诉自己在上课。

看起来有点儿像废话，但对我急躁的心起到了极大安抚作用。

因为坐车时，我就专注于坐车，不会再去想刚才没看完的书；陪孩子时，我就专注于陪伴的过程，不会再想手机里谁可能会联系我；上课时，我就关注老师上课的内容，大脑不会飘到项目有关的事情上去。

就这样慢慢地，我让自己学会身心合一：该工作时工作，该休息时休息，日子过得有规律。但，对于一个习惯奔跑的人来说，休息时总会有一种犯错误的感觉；遭遇低谷时，总想看看自己抗压的能力有多强，让自己坚持一下，再坚持一下，这种信念，早已扎根在了我的心底，不是一天两天就可以改变的。

看看那些业界闻名的大咖，他们有出色的工作能力，更关键的是，他们都有着一颗强大而自知的心。他们知道什么是自己擅长并能做好的，什么是该借助外力来推动的，什么是该放弃做减法的。

这种理想境界也是我所追求的，我相信，总会有一些朋友和我一样，不由自主地被向上成长吸引，而我虽然还没完全改善这种状态，但我找到了自身存在的问题，这便向解决问题迈出了一大步，毕竟方法总比问题多。能hold住事的人，我相信他会在成长中学会取舍，在追逐梦想时，为自己减速。

所以，一切慢慢来，只要我们在路上。

女性角色平衡的动态法则

现今社会，女性在不同场合，有着不同的角色，需求自然也就有所不同，我非常欣赏那些将工作和生活都打理得井井有条的女性，因为我自己也处在多角色转化之中，身边不少朋友过来请教我：你是如何平衡这些关系的呢？

在这里我要特别提到，罗振宇在2018《时间的朋友》跨年演讲里，提到员工脱不花创业四年，不仅结了婚还养育两个孩子，有人就会问她：作为一名女性创业者，你是如何平衡事业和家庭的？罗振宇说，这样的问题，抽象地摆在一个女性创业者面前，她自身是无法回答的，问题背后的潜台词是：你一个女性创业者要创业，要顾家，还得养育孩子，根本搞不定。

但是，对于当事人脱不花来说，这个问题从来不是抽象地摆在她面前的。罗振宇说：摆在她面前的问题永远是，孩子发烧，下午五点是接着开公司例会还是赶紧回家？答案肯定是得赶紧回家。晚上八点是陪家人吃饭还是在公司处理急事？对于创业者来说还用选吗？肯定是在公司处理事情。如果觉得日常陪孩子的时间少了，可以专门抽出一天时间来陪孩子。

我自己也有一些思考认识，对于创业的女性而言，家事和工作上的事情是没有办法绝对平衡的。工作累了，就让自己休息一下，拿出一天的时间全部给家人。还有每年必须挤出一段时间来陪全家人出去旅游，除此之外，工作起来时就拼得像个"疯子"一样。

我也曾问过周边的女性朋友，她们是如何处理家庭、工作和生活平衡问题的。

其中一位朋友子英，有两个可爱的女儿，事业和家庭处理得十分妥帖，她是这样说的：我会将家中的事情用工作的思路来处理，同时不会将爱是家庭的底色这件事情忘掉；我把孩子的事当成员工的事来看待，我既是孩子的良师又是孩子的益友；我把工作的事当成家里的事来处理，这样我不但开心，而且更有耐心。

后来她补充说：因为工作可以让我获得自我价值得以实现之后的愉悦感，同时和谐的家庭环境能够更好地支持我的工作。因此，我很感恩家人、孩子、领导、同事及身边的每个人，而感恩恰恰就是我内心最大的能量来源。

另一位朋友静静，从企业高管华丽转身为全职妈妈，她的转变让我感到惊讶，她告诉我：其实时间和角色分配的问题，我从没考虑过，我自身会永远将夫妻关系放在第一位，所以我会先做好妻子，再做好妈妈。

我纠结辞职，辞职后淡然处之，继而坦然自若地在家里做个好妈妈、好妻子，如此才能让老公更安心地忙于事业。而我自己这边，我是一个适应性比较强的人，在什么环境中都能把当下的角色先做好，不会过多纠结其他的事情。

我特别感谢我的老公，他也会给我出主意，给我提供一些他的资源帮我，所以目前，我觉得一切都挺好的，闲暇时间做点兼职，收入虽没以前多，但能陪在孩子和家人身边，这样的生活也给了我很大的自由。等孩子们大了，我再去找工作，或者自己创业，一切都不会那么艰难，我也从不担心自己会做得很差，就算没那么好，也不会很差，我相信这点。

新年第一天，老公早上醒来，一边握着我的手，一边搂着孩子，虽然他没说什么，但我能感受到他的温暖，老公也能看到我为这个家的付出。在他出差的时候，我会自己去逛商场，不管心里多落寞，我也知道，此刻他心里想着我。

家庭有我照顾，这样老公就可以放心地忙于他的事业，放心出差，孩子在家的学习、生活，他都不用过多担心。我觉得自己能遇到他们是我的福气，与他们相处起来也很融洽，所以我可以在不同的角色中自如地转换。

两位友人的回答，让我深刻感受到女性对家庭的影响，就像我很喜欢的一段话：女人是家庭的"定海神针"，为家庭构筑了爱的能量池，在不断地接纳和理解中寻找平衡。

说到我自己，我是妈妈、妻子、创业者，最近两年又作为学生在读MBA，做女性内容项目，我是如何平衡这几种角色关系的呢？

说到底，不同角色，在我看来只有两种，一种是家庭的，一种是家庭之外的。

在外面我可以雷厉风行，果敢理性，但在家里，作为妈妈、妻子、女儿等等，我会帮助婆婆和老公经营家庭中的内勤事务。

在家里，是没有对错之分的，我要尊重每一位家人的特性和个性，了解他们，懂得他们的需求，发挥他们的价值。

我的婆婆是一位勤劳、明事理、较为传统的女性，擅长处理家庭事务，也有自己的主见和想法。结婚之后，我们就在一起生活，她帮我带孩子，照顾家庭，因此，在家里，除了大事需要我们一起商量，其他的事情，我都会退居二线，将话语权交给婆婆，只要她下"命令"，我都会尽量遵照执行。

经营家庭就像经营企业，岗位职责需要清晰，"用"人之所长，而我最大的作用，是通过自身的角色特性——联结三个家庭的纽带（自家，娘家，婆家）——处理亲戚关系，消解家庭成员之间的误解，让大事化小，小事化了。

但孩子的教育和妻子的义务，需要我亲力亲为，这是无法"外包"的，也别想着逃避或走捷径。说真的，亲人之间的相处其实很简单，就是付出真诚和爱，因此我会将家庭视为对外工作的基础，所有在外面的"成绩"都源于家庭予以我的能量加持。

在家庭之外，工作、学习、成长中，都会面临决策和自由度的把握问题，这些都会考验我的计划力和执行力。

从2003年大学毕业到现在这十几年间，我一直都是一个爱计划的人，以前都是在纸上记录事情，现在，在手机备忘录里我记录当天、当周、当月的一些重要事情，同时会根据事情的轻重缓急、优先级进行调整和修正，做完立即划掉，这种有计划的生活，能让我在对外工作中，有条不紊地应对各种事情。

以不变应万变，是一个非常好的做事方法，将百分之八十的事项掌握在计划之内，也是平衡生活最好的方法。

除了计划之外，对外的思考，也能帮助我更好地处理内心的平衡问题，我基本每天都会认真思考一段时间，这就像内心的独白一样，可以有效缓解内心的焦虑。

在真实世界里，不存在抽象的非此即彼，每时每刻，我都处在一张前后衔接紧密的时间表里，里面填满了我要处理的事情。

当然了，理想很丰满，现实却很骨感，在寻找内心平衡的过程中，我也有过失衡的时候：被家人责备过于沉浸在工作中；自责陪伴家人的时间太少；疏忽自己的身体健康；被人冷落、甩黑脸。这些都曾让我的工作生活变得混乱无序，内心能量骤降，后来，我不禁反思：为什么我就无法平衡这些关系呢？为什么我想好好工作，好好生活，好好爱惜自己，却怎么也做不好呢？

后来，慢慢地，我发现当我强行扭转自己去寻找平衡的时候，反而忽略了一些最本质的东西，那就是做每一件事时的那种"既来之则安之"的接纳感。因此，无论是在家庭中还是在工作中，我们都应该通过"爱"这条线将复杂的事情串联起来，在各种关系中传递爱意，也就是朋友子英说的学会感恩，感恩每个角色关系中的给予，觉察身边每个人的爱意，如此才能让我们的生活更加温暖深刻，丰富有趣。

很多人说，要做生活的主人，就要平衡好各种关系。在我看来，要平衡好家庭、工作还有自己，量化我们女性，就天然地给我们女性施加了巨大的压力，为此，我的建议是我们应该秉持动态平衡的心，做好当下的每一件事情，平静地面对自己的内心，遇到问题时解决问题，不设置条条框框来束缚自己，接纳生活给予我们的所有酸甜苦辣，这就是最真实的自己和生活。

　　都说女人是水做的，这也是我们女性天然的特质，用爱、温暖，渗透不同的人和事，但又可以在面对惊涛骇浪时产生强大的勇气和力量。在动态平衡中，我们应该感恩每一位陪伴着我们的人，感恩那些理解和接纳我们的人，要知道恰恰是生活的苦难才给予了我们最好的成长和启示。

正是独立让女性变得出众，而不是合群

我有一个做了三十多年全职主妇的妈妈，还有一个上班三十多年退休的婆婆，再加上我这个三十多岁还在追逐梦想的中年妇女，我们都是母亲，都是现代中国女性。

我的父亲是一家之主，从我记事起，母亲就是全职主妇，心思都没离开过家的"一亩三分地"，辛辛苦苦地将我和妹妹带大，为了父亲的事业牺牲掉自己的工作，是一位称职的母亲。三十年如一日，做好所有的后勤保障工作，照顾好家里家外，母亲为这个家庭奉献了自己最好的年华。

我的婆婆，也是一位传统女性，做了一辈子的会计工作，公公在老公上小学六年级时离开了，她一个人带着孩子，为了挣钱养家，做过清洁工，打过零工，是家里的顶梁柱，她既有母亲的细腻，也有作为父亲的坚毅和担当，用自己的半生诠释了女性的独立担当。

因此，她非常节俭，冰箱里刚过期的食物不舍得扔，剩下的饭菜也舍不得丢，很多衣服缝缝补补，我儿子还穿过他爸爸两岁时穿过的衣服，由此就能知道婆婆过日子有多节俭了。

自大学毕业之后，我在自己家的时间远没有和婆婆在一起的时间多，从怀孕到孩子长大，都是婆婆亲自照顾我、帮我带孩子，婆婆从母亲的角色转换成了奶奶的角色。别人家大都是两个长辈一起带孩子，而在我家就她一个人，因此，我很感激我的婆婆，她让我能够在追求梦想的路上继续前行。

婆婆和我老公的性格很像，都有强势不服输的一面，也具备艰苦朴素的作风，不太善于表达自己的情感，但时间久了，我能从他们的心里感受到满满的爱。

到了我这里，就有些不一样了，我自小就有些"生活经验不足"，即便到现在，有时还会照着学生时代的思维模式去处理邻里关系，但婆婆处理邻里之间的关系得心应手：别人敬我一尺，我敬别人一丈，人情世故考虑得格外周到，看似亏欠自己，实则是她高格局的体现，婆婆的这一点让我望尘莫及。

婆婆虽说是位传统女性，但她对我学习上的事情一直非常支持，记得MBA考试成绩下来时，婆婆对我说："你得感谢你的孩子。"这是因为我牺牲掉很多陪伴孩子的时间去学习，婆婆没有想到自己的辛苦，而是希望我在追求自我发展时，记得自己作为母亲的身份，多抽出一些时间去陪伴孩子。

我每次考试通过，都会第一时间告诉婆婆，婆婆也很为我高兴,她自己也是一位不断学习的人，微信比同辈人用得都要早，逛淘宝买东西，上"拼多多"海淘宝贝，支付宝软件比我老公用得还早，这种虚心向年轻人学习，紧跟时代潮流的精神使我钦佩。

婆婆的独立坚韧体现在日常细节上，楼下有块菜地，她一个人楼上楼下地送水，非常辛苦，于是我对她说："女人的腰不能老弯着累着，你等我们空闲的时候让我们帮忙。"但她还是坚持自己干完，不愿麻烦别人，她已经习惯了自己扛下所有的事情。强悍是她生活的盔甲，但有时也给她带来枷锁。操心家里的每一个人，她会忧虑紧张，看到家里杂乱就无法忍受，每天都在忙碌。

都说婆媳关系相处很难，婆婆不是亲妈，如果说我和婆婆之间没矛盾那是假的，因为婆婆的独立和自强，我们这一代人的一些生活习惯她看不惯也无法接受，嘴里不时会唠叨几句，但最终她还是会帮我们做事。比如说，叠被子要叠成四四方方的，还要摆放在固定的位置，我不大喜欢将太过程序化的东西带到家里，舒服更重要；刷碗和清理桌台都要按照她的标准来，我做饭让她歇着，她还会在旁边看着，也许是担心我做不好，但她像监考老师一样看着，就弄得我心里特别慌张；有时我们说话随意没注意轻重，婆婆就会很敏感。

　　每次当我觉得婆婆好像是在"挑毛病"时，我就会想一想，是不是我自己做得确实不到位？大家都希望这个家更好，有了这个前提，不舒服的情绪就会变成过眼云烟。这些事情，就像空气中的灰尘，避免不了，因为婆婆勤快认真了一辈子，习惯难以改变，但我心里很清楚，上下牙都有咬到一起的时候，何况是人与人之间的相处。我是敬佩和疼惜婆婆的，因为我们是一个"团队"的伙伴，都希望这个家更好，基于这个认识，再大的误会也能大事化小、小事化了。

　　人们都说家有一老，如有一宝，这话说得一点儿也没错，每次回家，热腾腾的饭菜总是会摆在桌子上，我第一时间就能感受到家的味道。只要是婆婆在的日子，家里都不会有大变化，干净整洁自然不在话下，不像我们自己在家，有客人要来家里时，得先大扫除才能迎接客人。

　　当家里有两个女人，就一定要有各自的岗位职责，不能同时负责一个岗位，因此我将家里内务的决策权都给了婆婆，这样就可以避免许多标准不一的情况下产生的误会，家务事上我只需听话做事就好。

　　在对待孩子的问题上，我多多少少受到了母亲的影响，但我不想像母亲那样牺牲自己的工作做一位全职妈妈，何况在北京生活，经济压力无法让我全身而退，只能向前冲；我也不想像婆婆那样任劳任怨什么事情都自己扛，作为妻子，我背后还有老公宽厚的肩膀，独立而不逞强，被呵护但不被宠溺，我支持老公的所有工作，他也成全我追求更好的自己。新时代背景下，独立早就有了新的定义：先要爱自己。

作为孩子的妈妈，因为有婆婆帮忙带孩子，在生完孩子4个月后，我就换了工作，与其说是经济原因，不如说是我更喜欢自我价值得到满足之后的精神愉悦。

鉴于传统思维，很多女性会在孩了　周岁之后再选择跳槽，因为在这期间找工作有很高的难度，还在哺乳期，公司会嫌你孩子小、事情多、工作精力不足，但我没考虑这么多，或者说，不尝试一下，怎么知道没有机会呢？

孩子一岁零三个月的时候，他完全断奶并适应了我长期不在身边，我就送他和婆婆回老家生活了一段时间。当时我也担心孩子能否适应，但没想到，孩子的坚强是我们难以想象的，等回去看孩子的时候，已经是三个月之后了，有时候我也会想，自己和孩子分开几个月不见，是不是太冷酷了？我觉得，孩子有婆婆照顾，吃好睡好玩好，在家乡婆婆还能同亲戚经常来往心情会更愉悦，不要想着将所有的事情都做到完美，这样反而会让自己活得更累。

　　和孩子短暂分离，我需要做的不是时时刻刻想念孩子，而是让自己不辜负这些时间，每天下班之后我都会和他们视频，上班的时候我可以全心全意地投入工作和学习之中。

　　我身边有一些全职妈妈，会用羡慕的口吻说：你有那么好的婆婆帮你看孩子，让你省心了不少，带孩子太劳心劳力了。是啊，我们这一代人，虽已全面放开了二胎，但还是不敢多生孩子，一方面是经济的原因，但最重要的还是不知谁来帮忙看孩子，长辈没有看孩子的义务，有能力就帮忙，没有能力也不能强迫。

　　于我而言，我非常感恩，有人可以帮忙看孩子，这种感恩化作一种内在动力，催促着我去充电学习，去拼命工作，去自我增值。

　　对于和孩子没有分开过的妈妈来说，我与孩子长期不在一起似乎显得自私自利，因陪伴孩子的时间少，所以我更加注重陪伴孩子时的质量，注重对孩子的鼓励、谈话方式和兴趣的挖掘，更想做孩子的良师益友。

　　记得有一次，孩子因为不断挑战我的忍耐力，我非常生气，和孩子进入屋子后，我把灯都关了，孩子立刻就哭着喊我，我一下子心就软了，马上开灯抱起他。当时孩子对我说的那句话，直到现在我都记忆犹新——"我好害怕妈妈不要我了"。我的眼泪瞬间就下来了，我向孩子道歉，责怪自己"狠心"。

对孩子发脾气后，作为母亲的我，也特别愧疚，心里不禁嘀咕：我不是好妈妈；我不称职；我怎么凶孩子了？我让孩子伤心了；我给孩子负面情绪了。整整一天，我心里都忐忑和紧张，因为好妈妈的"人设"被自己抹杀了。

后来，我去读书学习，发现错误才是学习的最佳时机，对于孩子是这样，对于我们家长更是如此，我们都是第一次当家长，从没学过如何当好父母，每一次的经历都是一次新的成长，包括我和孩子，人生没有什么完美，既然错误不可避免，我们就要在错误中去学习和成长。

我的婆婆和母亲身上，有她们那一代老母亲的相似点——牺牲精神，她们两人一个为孩子牺牲了自己的幸福，一个为了家庭牺牲了自己的工作，操心是她们的天性，同时，父母那一代人又是"双面人"，一方面父母腰不好，另一方面每次到火车站来接我们，都帮忙拎行李，到家又是抬桌子又是收拾床铺。

婆婆前段时间身体不好坐轮椅，但她总是闲不住，总想着多做点儿家务，扫地刷碗，洗衣做饭，晚上泡脚时，一大盆水还自己弯腰去倒，因为她不想给我们添麻烦，能做的都尽量自己做。

高晓松曾在《奇葩说》中提道："我好为中国的父母悲哀，

仿佛他们都没有自己独立的生活、独立的人格，他们不配有自己的亲密关系，就只能和孩子相濡以沫。"

这话道出了父母的伟大和辛苦，但是，他们真的不独立吗？如果问我们三位女性身上的相似点是什么，答案就是，我们都是母亲，我们都有各自独立的人格和态度。

正因为我的母亲独立，她才能一个人带大我和妹妹，吃穿住行一条龙服务，正因为有她的支持，我和妹妹才能顺利成长，毕业安家；也正因为母亲独立，在当了三十年全职主妇后，她又开始工作，不是为了挣多少钱，只是为了有一份独立的经济，朋友圈从街坊邻居拓展到了同事圈，过得忙碌而愉快。她的独立彰显在她对家庭责任的分寸拿捏。正因为婆婆的独立，她才含辛茹苦一手带大了自己的孩子，没有给别人添麻烦，全靠自己撑起母亲的角色，当孩子大了，有了自己的孩子，她又独自一个人带孙子，让我和老公能够全身心投入到工作中去，她的独立彰显在母性的角色里。

我们的长辈都非常不容易，是从艰苦时代成长起来的，他们的那种伟大和牺牲，是无法用言语衡量的。

我和她们一样爱自己的小家，但也不愿舍弃自己的工作和学习。作为母亲，全心养育自己的孩子，但我更希望成为孩子的良师益友，我希望能和孩子一起成长，要想完成这个目标需要兼顾和付出更多。作为妻子，我支持爱人的工作，他也支持我成为自己希望的样子。爱有不同的诠释和表达，我的独立，彰显在我追求做好自己的同时成全并尊重我爱的人，因为，我相信：只有懂得尊重的父母，才能让孩子相信人生可以过得越来越有价值和意义。

女性是多么特殊的群体啊！在狂风暴雨中我们坚守各自心中的爱，在岁月静好中温暖我们身边的每一个人，生活给了我们太多酸甜苦辣，而我们，应该把喜怒哀乐唱成一首歌。致敬每一位独立的女性！

接纳自己的不完美

2019年1月份的时候，我带全家人一起去参加顾老师的KSME嘉年华活动，老师让我们在纸上写出自己的五个特点，写完后老师问："谁写的五个特点都是优点？请举手！"

我举起手来，发现近百人的现场，举手的竟然寥寥无几，老师就给我机会上台分享，我笑着说道："我应该是自恋的人，写的都是优点。"分享的时候，氛围很和谐，老师后来评价说：媛媛是一个很自信的女孩。我听了心里美滋滋的。

这时老师又问道："谁愿意分享一下自己的五个特点？"老公这时立马举手，我很高兴，非常期待他的分享。

上台后老公详细地说了自己写下的特点，准确地说，全是他认为的一些缺点，包括人到中年、油腻、大男人、压力大这些很普通的现实特点。听完老公的话之后，我就在心里默默地想，这就体现了不同人之间不同的思维习惯，老公偏重现实，通常会先想不利的一面，而我，通常会先想到积极的一面。

　　老公说的这些缺点，我心里其实都明白，这些东西都有它美好的另一面。

　　他三十岁出头，就觉得自己迈入了中年，当下面的观众知道他的年龄后，也都唏嘘不已，是啊，还是青年，谈何人到中年？在我心里，他依旧是那个幽默帅气的大男生。

　　老公觉得自己现在的体重和曾经"风华正茂"时相差太大了，心里不免有些沮丧，但在我看来，自去年生病后，他也在有意控制体重，晚饭后会去散步或在家里运动一会儿，虽不是每天坚持，但这也是往好的方向发展的征兆，对于身高185厘米，典型"倒三角"好身材的老公来说，如今的体重完全没有越界。

　　谈到"大男人"这个特点，他认为这是"媳妇最介意的"，自己也最想摘掉的标签。

　　但我想对他说，你的"大男人"，是我很欣赏的地方啊！因为，这体现了你的驾驭力以及男子汉气概，在家里你是男主人，就要有一言九鼎的担当，虽然有时比较执拗，说话直接缺少委婉，但这些都和你的成长经历和职业习惯有关，也是你身上独有的男人味。

　　对于"压力大"这个特点，老公认为自己现在上有老下有小，压力很大，我觉得他完全不应该有这样的想法，当下这样的家庭是普遍存在的，有句老话不是说家有一老，如有一宝吗？孩子是家中的天使，给我们带来了很多欢乐和欣喜，压力是人生的常态因子，会伴随我们一辈子，也是我们的固定资产，我们可以将压力转化为动力，去驱动更大的成长，压力转变为动力的催化剂是爱，因为有爱我们的人和我们爱的人，才是最幸福的事。

仔细思考一下这几个特点，在我看来并不是他所谓的缺点，而是在某个时间点，他所面临的压力和焦虑而已。

从我这方面来说，我自认为是比较"乖"的孩子，从小喜欢学习，喜欢听老师夸奖，也不会让家长操心，一路走来都是比较顺遂的，这样的成长经历教会我认真做人，规矩做事。虽说如此，但我不是那种不敢说"不"的人，我喜欢从别人的角度去考虑问题，说好听点儿是善解人意，但在外人看来，我太看中在别人眼中的形象，自尊心强，过分谨慎以及瞻前顾后。

我很喜欢"相对优势"这个概念，对于完美和不完美也是这样，人没有绝对的优点或缺点，完美只是相对而言的，不完美其实也是相对而言的，从相对角度去看待问题能让我们更加理性也更加成熟。

记得，有一次和闺密聊天时我说道："这个冬天，我一直穿长款羽绒服，就为了保暖。"闺密笑着回道："这个冬天我也一直穿长款羽绒服，是为了遮丑。"听完我就笑了，因为闺密总觉得自己骨架大，下肢肥胖，其实她只是身材丰腴，为此她还抽出了大量的时间去健身，即便是这样她仍对自己的身材不满意。

在生活中，这样的情况并不在少数，由于原生家庭的影响，我们自卑、不自信。喝着"比你优秀的人比你还努力"这样的"鸡汤"，盲目地与他人比较，对自己的不完美无法接纳。我们每个人都会拿理想的自己和现实的自己做比较，这种比较就是在寻找差距。我曾经看到这样一句话："一个女孩子最好的状态是什么？答案就是允许自己不完美，允许自己去追赶。"

我身边有一位"特殊"朋友小雅，四岁时患重病，从此只能坐轮椅出行，但她性格乐观、坚强，潜水、去泰国自由行，做自己喜欢的工作，一切看着都是那么美好，从她身上你一点儿也感觉不出来自卑。有一次，她换了新轮椅，见了我之后高兴地说："你看，这是我新换的'法拉利'，是不是很酷？"

每次一想到她，一个笑容灿烂、神采奕奕，肯接纳自己不完美的女孩形象，就会从我的脑海中浮现出来。

和她熟了之后，我才知道她并不一直是这样，她稍微长大一些知道自己永远要坐轮椅时，也曾极度憎恶这个世界，痛恨为何生病的是自己，走到哪里都需要别人帮忙，厌烦身边的那些指指点点，以及随处可见的同情的眼神。她封闭自己，自暴自弃。而现在，经过涅槃和蜕变之后的她，自信到让所有接触到她的人感到愉悦。她说："是家人、朋友、病友的鼓励和支持，成就如今的她。"但我觉得，更重要的是她愿意接纳不完美的自己，愿意接纳当下的生活，活出自己的人生。

现实中有许多人，对自己要求非常严苛，做不到完美就沮丧失落。过高的标准，只会消磨我们的自信，而允许自己不完美，翻开"不完美"的另一面，就是美好的开始。

要知道，人生永远都是现场直播，不可能等彩排好再完美登场，而不完美是常态，认可自己，就是好的开始。告诉自己，我可以接受总有人不喜欢我，就像总有人喜欢我一样。我可以接受虽然学了12年英语，但还是羞于说英语的自己；我可以接受我很平凡，但我不平庸；我可以接受失败了许多项目，自信心被轮番打击，却还屡败屡战不放弃梦想的自己。

接纳自己，就是从心出发，正视自己的内心，给自己机会，去探索这些渴望和憧憬背后的价值。世上不只有好坏两极，我们以为的"不完美"，却是驱动我们成长的动力，当从多个维度了解自己之后，就像拓展了对世界和自我的认知广度，生活也会回报以更宽容的接纳。

前段时间我们主持人聚会，好朋友绍鹏分享了一句话给我："爱自己的自己。"我很喜欢这句话，当我们放下执念，理性平和地去看待自己、身边人和环境时，才会保持明辨是非的头脑，接纳不完美的自己，过好不完美的人生。

世界很大，我们又如此渺小，不完美的地方太多，当我们面对艰难境遇时，希望我们还能有内心选择的自由。虽然熟悉的地方没有诗意，有趣的生活在远方，但我们能选择勇敢下去，看到更真实广阔的世界，对待生命中宝贵的事情，感知内心的光亮。

蔡康永曾说："把人生的镜头拉远一点，所有的问题都不值一提。"不完满，才是人生，因此最动人的，应该是那些认真演绎自己人生的人，所有的"不完美"终会变成宝贵的历程！

为什么倡导女性终身成长

《南方周末》的记者采访董卿："该如何保持一个魅力女人的心态？"董卿答道："读书。"董卿从小就爱读书，中学时，她三五天就能通读一本名著，工作再忙碌，她每天也会挤出时间来读书，所以我们才能看到节目中她信手拈来名言名句，脱口而出诗词，那些恰到好处的言语背后，流淌着书的清香，沁人心脾。

读书能带给人成长，这是我一直笃定和信奉的观点。

2015年，也许是和团队一起创业的缘故，我对自己有了更高的要求，再加上家庭工作趋于稳定，我开始思考如何给自己更多的机会学习。

2016年春节后，我决定报考人大MBA，从研究生毕业，到现在一路颠簸迷茫，即便纷繁的生活占据了我大部分时间，读书在我心里的位置也一直没变。

直到现在，每当我走入校园时，都会莫名地激动，校园里的一草一木给我的那种温暖，难以言表。我一直知道，我还会回来，回到这个地方来，坐在教室里学习、思考、创造，发现不一样的自己。

做了决定之后，我便正式开始复习，因为还要兼顾工作，学习只能利用下班后和周末的时间，这对于身为人母的我来说，需要将时间分成两部分——陪伴家人的时间和自己私人的时间，所以，我复习功课基本只能在晚上10点之后开始。

当你将许多时间投入到一件事中，就一定会错过一些其他事情，这是无法避免的，所以复习备考无疑牺牲了我很多陪伴家人的时间，这让我不免遗憾，感恩的是家里的人都很支持我。

孩子的内心是最纯净的，长大后的我们被各种环境和关系影响，很难再找回那种纯净的感觉，而在学习中，我们可以重塑自我。

记得复习备考那段时间，我经历过很多次心理纠结，到底是陪伴孩子还是学习？周末是和家人一起玩还是学习？节假日是回老家探望父母还是学习？每一次面临选择，我心里的天平都在左右摆动。

11月之后，在"家庭备考小组"的监督下，我抛开了一切娱乐和社交，让自己的内心归于平静，12月份最后冲刺阶段，我告诉家人，这段时间请大家多担待，家务我不再承担，周末也不再出去。

那段时间，老公每天会开车把我送到图书馆，晚上再来接我回家，婆婆将家里所有的事情一手承担了，现在想来，真的很感谢家人对我的理解和支持。

每次深夜走出图书馆的时候，看到夜色中来去匆匆的行人，我都会觉得自己这一天过得充实且有意义，那种距离梦想越来越近的感觉真的很幸福。

2017年，当我顺利进入人大开启读书生活时，与那些"90后"比，我身上已没有了青春的朝气和澄澈的眼神，但我更清楚自己想要的是什么，更理解读书的意义和价值。

最好的时间就是现在，我的梦想才刚开始。

曾经有人对我说，何必呢？已经是企业管理硕士了，还花二十多万去读一个MBA图什么啊？是啊，到底图什么呢？我没什么壮志豪言，我只知道，生活从不会直接给我们答案，而且，我一直知道，读书是最好的也是成本最低的投资。

近两年以来，我的事业和家庭都处于关键的发展期，需要面对和克服的问题非常多，自己的情绪很容易被激发。后来，我慢慢地找到了一个让自己快速冷静下来的方法——读书。这是非常有效的方法，对急性子的我来说，思维从"为什么"转换成"原来是这样"，想法变了，对待事物的态度自然也就宽容了很多，曾经觉得满是问题的事情，现在反而成了机会。

有人说："奋斗18年，才能和你坐在一起喝杯咖啡。"而我这么努力学习，不断地拓展自我边界去成长，不是为了换来与"大咖"喝一杯咖啡的机会，而是希望能与对方平等地站在一起，彼此成就。

这个世界是公平的，知识可以改变命运。记得高中时，物理班的一位同学考上了北京大学物理系，学校将这位同学当作榜样时常在我们面前提起，这位同学特别光荣，但这光荣的背后，他本人付出了多少努力——每年他都拿一等奖学金，他每天不是在学习就是在去学习的路上，勤奋钻研，拼尽全力学习。

有人说学历不重要，是的，学历确实不等于能力，但学历能从一个侧面说明我们在学生时代的态度和付出的努力。

人生，没有白走的路，也没有白读的书，高学历或名校学历的优势在找工作的时候非常明显，比如更容易获得资源、人脉、高薪等，而更重要的是，它会送我们进入一个全新的环境，在这样的环境中都是优秀的人，俗话说"近朱者赤，近墨者黑"，跟着优秀的人，耳濡目染、潜移默化，能让自己不断地向优秀靠近，这就是真实的"吸引力法则"——"你是谁，决定你成长的起点，但和谁在一起，则会影响你成为什么样的人。"

读书带给我们的，可不仅仅是知识，更重要的是带给我们新的思维、眼界和心界。

这种思维是一种成长型思维，催发我们的好奇心，带领我们去探索更多的未知，向上生长；眼界则给我们带来希望，让我们发现世间更多的真善美，让我们觉得人间值得走一遭；当心界被扩容后，我们可以储存的能量就会越来越多，因为读书就像蓄能。

因此，在这个有些"功利"和"现实"的世界里，与其纠结于大好的年纪为什么要去读书，不如反问一句，大好的年纪，为什么不去读书？就像作家三毛说的那样："你现在的气质里，藏着你走过的路、读过的书和爱过的人。"

不能因为有了学历就不去读书，不能因为上了年纪就停止学习，更不能拿每天都很忙当借口不去成长。因为，设限的人生永远都是可悲的。

曾经看到过这样一句话："不断成长的女人，处处流露着谈吐幽雅的超凡脱俗，静时凝重，动则优雅，坐时端庄，行则洒脱；像水一样柔软，像风一样迷人，像花一样绚丽。"这段话好美，没有几个女子不希望自己成为这样的女子。

一个不断成长的女人，她的气质应该是——心中有爱，眼里有光，手中有剑。

读书是一段细水长流的旅行，不管何时开始都不晚，就怕你不学。

　　我很敬重的白荣秀姐姐说："有温度地爱自己，才会有品质地爱别人。"是啊！读书给了我们恒温的力量，让我们舒服地爱自己，舒服地爱别人！

第二章

越是艰难的日子，越要甜着过

〜〜

换道奔跑，培养自己的第二技能

　　如今是一个机遇与风险并存的时代，对于现在的年轻人来说，守着现有的工作直到退休，犹如天上掉馅饼，不一定能一辈子吃饱。

　　在我身边，就有很多人抱怨，担心哪天自己会被动出局；对工作现状不满，又不知该如何改变；想要寻找新的收入增长点，却又不知在哪儿。

　　于是如何利用有限的时间，探索无限的可能，这个问题，毫不留情地击打着现代年轻人的心。

　　我身边就有一位学姐，同样是"80后"，明明可以靠脸吃饭，却偏要靠才华，在旅游行业工作近10年，做市场的能力非常优秀，年收入近千万元，因为沟通和英语能力优秀，去年跨行业跳槽进入了一家大型外资企业做人力资源，目前是管理数亿资产公司的人力资源高管。

　　这位学姐，在同学眼中自然是佼佼者，光芒四射的跨界高手，似乎做什么都能成功，而她告诉我：其实，她走的每一步，都是结合自身的优势，进行的能力迭代和升级，这才有了现在的突破和转型。

阿基米德说：给我一个支点，我就能撬动整个地球。如果想要给自己换道奔跑，那么结合自身能力，找到那个成长支点，就显得尤为重要。

在我练习写作之前，我就曾认真思考过：写作是我发自内心喜欢的事情吗？写作和我的生活有哪些关联？我是否准备好了迎接困难，去提升自己的写作能力？想要通过写作带来收入增长，我的心态调整好了吗？

回答所有问题之后我发现，写作就是我要寻找的第二技能成长点。

后来，有朋友问我，怎么才能找到自己的成长点。我总结为：平时你跟朋友常讨论什么话题？喜欢研究哪些领域？朋友最可能在哪些事上征询你的意见？除了现在的工作，你是否还拥有别的兴趣技能？这种技能是否能给他人带来价值指导？什么身份，能让你很羡慕并渴望自己也能得到？当然，你还可以邀请身边朋友，用第三方视角来检视自己的潜在能力，内外结合，寻找第二技能就会更全面和精准。

当找到了成长点之后，如何进行第二技能的修炼呢？

如果我只是培养一种兴趣，完全可以三天打鱼两天晒网，但如果真要把兴趣发展成一门本领，靠它带来收益并实现自我价值提升，就需要用心付出时间和努力了。

时间从哪里来？

现在我们大都背着多重角色行走，至少身上都有一份八小时的主业工作，无论是全职在家还是工作在外，时间和精力很多被占用，而巧妇难为无米之炊，没有时间，再宏伟的蓝图也很难实现。

就我自身来说，从刚开始培养写作技能，我就将自己的碎片时间整合利用起来，为时间扩容，提升时间的利用效率。

具体做法是：工作日的碎片时间，包括早起后、通勤路上、午餐时间和睡觉前，这四块碎片时间，每周能为我额外增加22~30个小时，按8小时制工作来计算，相当于每周多了3~4个工作日，可以做很多的事情。

而每个时间块，我又会将其分为不同的任务属性来进行管理。比如，早起模块，我会用来处理难度较大、创新性的工作；通勤模块，我会看资料、听新闻、学习新课程；午餐模块，我会安排任务复盘，审查已完成的事情；睡前模块，我会根据身体和家庭情况，灵活调整，或是看书，或是为第二天工作热启动做好准备，或是陪孩子回归童心，放飞自我。

在这其中，早起时间是我一天当中碎片时间最长、效率最高、精力也最旺盛的一段时间，我把它称为精华时间，每周有8~12个小时。

我们可以根据自己的具体情况，对时间进行整合和管理，问一问自己：哪块时间可以压缩？哪块时间可以优化？哪块时间可以叠加？

当我们有了时间基础后，修炼第二技能就算有了粮草。

如今互联网如此发达，寻找学习素材变得更加便捷，线上我们可以从书本、在行、喜马拉雅、知乎等学习平台获得，但所搜索到的知识鱼龙混杂，需要我们甄别选用；而线下呢，我们可以找专家、通过付费训练营等来系统学习，提升技能。

同时，我们可以找一些同行，建立圈子，进行思想碰撞和技能交流，学习新技能的过程也是我们更新传统思维的一个过程，学习新技能与学好一门语言需要语言环境一样，也需要我们设置对应的学习场景。

当然，即便学习环境都设置好了，学习新技能，仍会陷入一种从0到0.1、从0.1到0.1001的细微成长状态，如同摸着石头过河，明明已经很努力了，却看不到方向，花了很多时间，却收效甚微。

我在学习写作的过程中，就遇到过这样的困难，后来发现，其实出现这样的问题是因为自己没有及时对出现的问题进行梳理和总结，没有形成学习新技能的标准和方法。

于是，我将写作的速度放缓，将一路收获的创作心得、暴露的问题进行复盘梳理，建立了自己创作的"七步法"，每次写作前，我都会拿出来看一下，对照思考，这对我的第二技能修炼帮助很大，有一种"入境"和"出境"的感觉，不再陷入只看结果的纠结中。

当然，我也并不认为自己的方法一定是最高级和完美的，它需要伴随着修炼过程，不断优化和迭代，也需要找专业人员来帮忙检视，不断修正和内化成自己的技能。

练习到一定程度后，总要拎出来看看效果如何。俗话说，实践出真知，而实践，是帮助我们检验学习成果的最佳方法，也是精确查找知识漏洞和技能缺陷的最佳机会，还能倒逼我们学习修炼第二技能。

但这个实践的过程，会伴随着撕裂和痛苦，因为我们赤裸裸地将自己的短板和不足呈现出来。毕竟作为第二技能，无法和一万小时的专家相比，本身就输在起跑线上了，但我们还是要为自己的勇气和小进步，给予肯定和信心。

记得我刚写作没多久，就发了一篇文章给教练，满心欢喜地等待表扬，看看我最近进步有多大，却收到"内容太干，没有新意"这八个字的回复。

这可是我辛苦熬夜创作的啊！当时我的内心受到了一万点伤害，像一只气球，突然被扎破，自信心全被打散了。

最让我难过的是，我都练习好几个月了，怎么还不得其法？付出了这么多，都没有价值吗？我还能不能在创作这条路上继续走下去了？

也许，在我内心里，埋藏了一股深深的韧劲吧，平复心情之后，我重新去审视这些批判意见，去反省和修正，回归到内容本质。

同时，我对教练这种一针见血毫不留情的批判，多了一份接纳和感恩，哪有人会无缘无故地给别人找不痛快？而会提"好问题"比"问题"本身更重要，这可以帮助我们看清局势，也正因为内力和外力结合，才让我对写作多了一份敬畏，也让我对培养第二技能多了一份坚韧。

总之，随着社会不断进步，困惑和迷茫在每个节点都会与我们如影随形，然而人生任何一个阶段的选择，都只是一种形式，最终我们将驶向哪里，只会遵从内心渴望之后定下的那个目标。

修炼第二技能，需要一个集脑力、体力和心力，三力交融的过程，通过不断实践、复盘，巩固技能，形成输入、输出的循环管理，才能形成积极向上的力量。

　　未来的世界，只会属于那些"专业通才"，发掘自己的第二技能成长点，就像画出每一张手绘图，走过的每一步路，都有其存在的价值，因为所有的努力都算数。

黑色生命力，是那突破暗黑时刻的光

记得刚开始做内容创作工作时，我就遇到了暗黑时刻，原以为用勤奋和努力就能换来目标的实现，却被现实各种"打脸"。

提交上去的文章，产品经理反馈给我的信息是："这不是适合当下时代的文章，李老师，你的思路不对，案例选取过于老气，行文过于死板，语言也太过教条化，请您重新创作。"

听到这些反馈，我的心情就像坐过山车，所有的付出没有收到一丝成果，我不禁开始怀疑自己是否有能力做好这项工作。耗时耗力在这件事情上，真的值得吗？

我再三思量之后，让自己的思绪回到刚开始的时候，问自己为什么会做女性成长项目。

因为，我希望将自己十几年的思考和沉淀进行梳理并且输出，让更多的女性遇见更好的自己。

这话听起来似乎有点儿空，却是我初心所在，最终答案呼之欲出：我要坚持！

　　恰在这时，我遇到我的职业教练刘sir，他说："你只是在用战术上的勤奋掩盖战略上的懒惰。"这句尖锐的话点醒了我。

　　刘sir用他十多年从事内容产品经理的经验，帮我分析方法和原理，他告诉我"创作需要深度思考，并保持一颗敬畏之心"，简简单单的一句话为我的创作之路点亮了一盏明灯，我慢慢地开窍了。

　　但是，并不是懂了这些道理，就能成为很好的创作者。

　　原理的落地，是对自己固有观念的破除和更新，这个过程会非常痛苦，我自认为已经很努力了，仍很难达到产品经理的标准。

　　刘sir继续为我分析道："你的文章缺乏灵魂和感情，媛媛老师，你始终要记住对用户的价值负责！你还是在犯同样的错误，等你真正明白了这些原理，再去创作。"

　　我强忍住在刘sir面前的委屈和沮丧，对他说："谢谢您的建议，我会回去认真思考。"

　　我的心里却在说：我不服！

　　这是我陷入困境中仅存的倔强，还有对他毒舌评价的不服气，也许是我太久没有被人这么彻头彻尾地否定过的缘故吧！

　　回家的路上，我听了几十遍张韶涵的《阿刁》，里面有两句歌词特别打动我："阿刁，不会被现实磨平棱角，阿刁，你是自由的鸟！"

如此悲壮的歌词，完美映照我当下内心的澎湃：我要坚持！

之后，在刘sir的指导下，我重新梳理思路，整理自己的创作手册，每一次的沟通，都是在为自我积蓄力量，这是对暗黑时刻的最大反击。

如今，通过创作，我体会到了思维精进，学会了保有一颗敬畏之心，这些已经得到的东西是无价的智慧财富。

而回想起来，暗黑时刻对我之后的成长，起到了关键的推动作用，培养了我面对逆境的能力，要知道我们如何面对暗黑时刻，决定了我们会成为怎样的人。

我在公众号"Know Yourself（了解你自己）"里看过一篇这样的文章，里面就提到了"黑色生命力"，用来特指那些经受过巨大压力、逆境或创伤，并度过、幸存下来的人，最终展现出来的一种力量。

暗黑时刻，在女性群体中很常见，由于我们天生敏感，遇到家庭变故、跳槽换行、健康红灯、成长受阻、婚恋问题等，想要抗争或是逃避，纠结痛苦，对我们女性而言都是很大的挑战。

我有一位朋友苏西，北漂，在餐饮行业八年，吃穿不愁，但她自己觉得像是被圈养一样，上进心都快被磨没了，经过慎重考虑，她决心放弃工作以及拥有的其他资源，在31岁时，毅然决然地选择了留学教育工作。

后来聚会的时候，我笑着对苏西说："你可真是够勇猛的！"
她淡淡地笑着对我说："是啊，我这个年纪选择换新行业，谁知
道未来会怎样？但是如果现在不去选择改变，以后我注定变成
又呆又丑的老女人，就更不会有勇气了！"

但是，当激情和热情慢慢褪去，她发现新的行业一点儿也
不简单，不仅需要大量专业知识和技能，还要通过公司的培训，
而她并没有做好准备。

新公司就连基本的培训都是纯英语交流，她像听天书一样，
处处碰壁，显得格外焦虑，一段时间下来就连内分泌都跟着紊
乱起来。

有次她接待一位学生家长，由于连续两个问题解释得比较
模糊，家长立刻就拍了桌子对她说："我是来找你咨询的，花了
这么高的价钱来给孩子办出国留学，你不懂就别做，别在这儿
浪费我的时间，去请专业的过来！"

虽然最终她还是笑着送家长离开了，但她过后扭头就逃去
厕所，一个人哭了很久。

平静之后，苏西问自己：后悔吗？还有其他选择吗？有什
么资格在这里委屈？

她的答案是：没有！

没有选择，就是最好的选择，擦干眼泪，她拿出 all in（孤注

一掷）的状态：将培训录音反复精听，反复学习；每天通勤路上听英语，单词打卡，提早一小时到公司看资料；利用午饭时间约前辈或同事取经，梳理咨询笔记，随身携带查阅；对每位家长，详细记录对方需求，不仅做好售前服务，更注重售后回访。

她笑着说那段时间"似乎一下子回到大学刚毕业的时候，无所畏惧，每天像打鸡血一样，战斗力爆表"。

而在工作一年后，她在同一批新人里，是周末加班最多、平均下班最晚、笔记整理最系统的，年终总结会上，她获得了总裁颁发的"新人业绩突飞猛进奖"。

苏西转行后痛苦焦虑的那段时间，就是她的暗黑时刻，在没有选择的情况下，她被激发出了all in的状态，用坚韧的努力、野蛮的成长去拼搏，即使遇到挫折也迎难而上，这就是她的黑色生命力。

穿越暗黑时刻，不仅需要我们个体的突破，也需要外部的精神慰藉和支持。比如亲友团能够倾听我们的想法，帮助我们减压；智囊团是用智慧帮我们划破黑暗。在我遇到项目瓶颈期时，我的智囊团，有的陪我去见客户，有的帮我反馈用户建议，有的给我提供对策。当我忘我奔跑时，他们在一旁告诉我：别太累了，慢下来，你有自己的价值所在，时间会证明一切。

所有这些，都帮我塑造了黑色生命里的那束光。

而我们女性，由于特殊的身体构造，对生命里的暗黑时刻会理解得更深刻，小到痛经，大到生宝宝，那种持续性的阵痛，就像历劫一样，越紧张恐惧，疼痛感越强，而经历过这些疼痛之后，就如同拥有了黑色生命力，每一位母亲的内心都会变得更加坚强。

去年参加课程，我遇到一位朋友小海，每次见她我都觉得眼前一亮，她穿衣得体，气质优雅，还是二孩妈妈，养娃、身材管理、创业，每样都异常精彩，让人羡慕。

小海告诉我，她最近刚经历过自出生以来最黑暗的一段时光。

由于二宝早产，孩子生下来不久就住院治疗，大宝发烧肺炎，她每天早出晚归，从家到医院两头奔波。如此精致的她，却在医院里打地铺睡觉，拿着脸盆洗头发，每天素面朝天，睁眼闭眼都是孩子，这样的日子持续了好几个月，用"心力交瘁"都无法形容她当时的感受。

后来，两个宝贝健康成长，所有的付出，换回她一句笑着说的"鬼知道，我当时经历了什么"。

我问她："是什么让你坚持下来的？"

她说："我是一位母亲，从怀孕到生产，看着孩子一点点长大，你能想象他们未来的样子吗？还有什么能打倒我呢？！"

为母则强，这话真的没错。

正是暗黑时刻，给了她顽强的生命力、强大内心和适应能力，让她减肥成功，她生完孩子150斤，现在却穿S码衣服。

别人说："你那么美，儿女双全，家庭幸福，做一个好太太、好妈妈就够啦！"

但她并未止步，又将这股黑色生命力运用到职场当中，学习深造。

她不去想付出这么多、这么辛苦是不是值得，她考虑的是如何将自己的兴趣、家庭、事业做到最优整合，成为一名"榜样妈妈"。

照顾两个孩子，减肥，工作，每一次的暗黑时刻，都饱含着艰辛和坎坷，但小海勇往直前，不被当下打败，那股被磨砺的黑色生命力，就像印记一样烙在她身上，闪烁着勇士的光芒。

关于暗黑时刻，其实我们无从选择，而那些经历过创伤并在黑暗中探索，在寂寞中坚持的人，要比一般人更难，虽然在黑暗中看不到尽头和希望，但经历过后再回头去看，那些攀登和战斗过的路，都在我们的生命里留下了闪亮的勋章。

所以，苦难从来不是人生的财富，只有坎坷过、努力过，才能成就更强大的自己。

而在这里，我也分享特别喜欢的一句话给大家：生命的魅力，不在于你跳得有多高，而在于被打入谷底时，弹起的力量有多大，那穿过黑夜、美若黎明的力量，我们唤它——黑色生命力！

摆脱惯性退缩的陷阱，打造人生助推力

前段时间，歌手蔡依林在暌违乐坛四年后，推出了新专辑《UGLY BEAUTY（怪美）》。据蔡依林说，UGLY（丑陋）代表了自己内心的某种负面情绪，当她开始正视自己内心阴暗、丑陋的一面后，得到的反馈却是BEAUTY（美丽）。

我一直觉得，蔡依林是一位勇猛的拼命女郎，她不断挑战自己的能力极限，做什么都带着耀眼光环，"亚洲天后""歌唱界的常青树""全能女王"等称号全都源自她的努力，然而，她说自己是一位不怎么自信的女生。2012年在世界巡回演唱会上，她流着泪说：有人在我得金曲奖的时候，揶揄我是一名"体操选手"，那一刻我真的对自己超没自信。当我很用心、很卖力去表演的时候，别人却一棒把我打醒，而我通常都会武装自己，很坚强地站在你们的面前。

可想而知，她在背后给自己做了多少心理建设。

当她发新专辑，站在媒体面前时，没有耀眼的明星光环，

只是作为一名追梦的女生说：以前我总会因为没有拿到一百分
而自责，觉得自己是一个不值一提的人。这句话，一时间激起
了太多女性真实的共鸣，有人说，女性心理犹如易碎品，经常
会出现自卑、自我否定、完美病和过度消耗自己的情况。

在我身上，这些情况也会出现：当我想要争取一次见面机会，
隔三岔五地给关键人发项目进度、请教问候的时候，我也觉得
自己这样脸皮挺厚的，凭什么别人要来看我的信息，及时回复
我的信息，和我沟通我认为很重要的事情，我有那么大价值吗？
于是我开始自我否定、退缩和怀疑，不再主动去推动，对于标
榜自信、乐观的我来说，这样做显得那么顺理成章。

后来我发现，有这样想法的人，真的很多。

有一次，我去幼儿园接孩子，在门口遇到葱妈，我俩从孩
子聊到了各自的生活，她对我说："很羡慕你这样有自己的时间，
学习、工作又很厉害的人，我都快熬得没自己了。"

我很理解她说的话，二孩妈妈又全职带娃，时间都奉献给
了家庭，我拉着她的胳膊说："如果你想出去工作，我可以帮你
留意，我认识一些宝妈，孩子上幼儿园后出来工作，有的还自
己开了工作室，非常厉害。"

她连忙摇头说："我可不行，我学历一般，专业也不好，又
太久没工作了，哪儿适合我啊？"

看到她如此犹豫纠结，我也就不好勉强了。

后来，听说她准备考会计证，我就留言给她：亲爱的，真为你高兴，带孩子还兼顾学习，你比大多数人优秀，加油！

她很快就回复了信息：哪有你说得这么厉害！我现在年纪大了，看半天书都翻不过一页，脑袋都僵化了，真羡慕你当妈妈后还能学得这么好，我就是佛系备考，听天由命吧。她还发了一张与世无争的表情图给我。

很多人会这样，比如觉得自己长这么胖，不可能学会跳舞；认为照顾家庭，升职肯定没戏。他们给自己的内心设限，每次想鼓起勇气，突破当下，都先被自己的质疑吓退，一次又一次，渐渐地形成了惯性退缩。

我也是如此，由于口语不好，对出国学习永远说NO（不），这样就没了"丢人"的机会；因为唱歌跑调，总不敢在公众面前唱自己喜欢的歌，这样就没了"现眼"的机会。这些都是因为我给自己设限，给自己找借口退缩。

雪莉·桑德伯格是Facebook（脸书）的首席运营官，马克·扎克伯格的左膀右臂，她在自己的书《向前一步》中这样说道："女性之所以没有勇气跻身领导层，不敢放开脚步追求自己的梦想，大多是出于内在的恐惧与不自信。"她鼓励所有女性大胆地"往桌前坐"，主动参与谈话与讨论，说出自己的想法。

但是，到底该如何向前一步，很多人不得其法。

想一想，为什么我们会设置闹钟？因为它可以提醒我们不耽误重要的事。为什么我们办了健身卡，去了两三次就不去了，而要花更多钱请一个私教？我们想跑步，一个人很难坚持，为什么找个伙伴陪着一起跑就有了动力呢？

闹钟、私教、陪跑都是我们的支点，在战胜惯性退缩这件事上，能起到极大的助推作用。

记得我刚开始写作的时候，会有意识地培养早起的习惯，要知道，养成习惯真的是一件很难的事情。

刚开始的时候闹钟一响我就能起来，但没过几天，我便开始打退堂鼓，闹铃一响关掉继续睡，心里想着：做不到就别这么熬，还影响身体，这就是找虐啊！

反思之后，我开始寻求外部的助推力量，向"早起达人"学习，总结他们是如何早起，如何克服早起不适，以及如何保持旺盛精力每天坚持的，通过这样的方法，我才逐渐建立起了自己的弹性早起体系。

有些人在养成习惯这件事上，会给自己不断找借口："今天没心情，改天再做吧""我就是拖延，很多人和我一样啊"。长此以往，遇到其他事情，也会找各种借口，轻而易举就退缩了。

记得，当时为了防止自己找借口，我建立了一个惩罚机制：

如果一周无法保证5天早起学习，就罚自己一个月不准买衣服！

　　了解我的人都知道，买衣服是我的一个乐趣，倒不是说我非要买不可，就是逛街看一看流行趋势，这也是一种长期养成的放松习惯，可能和小时候我爸做服装生意有关。这个惩罚机制算是直击了我的痛点。

　　我们会出现惯性退缩，从另一方面来说，是因为我们缺乏对一件事的强烈渴望，觉得做不做好都无所谓，自制力自然就会变得薄弱。就像葱妈这样，虽然突破了当下去学习和备考，精神可嘉，但抱着听天由命的心态，执行起来就会比较困难。

　　我在开始学习写作的时候，就绘制好了"蓝图"：如果写作能力提升，第一步会怎样；第二步会和谁合作；第三步我会圆什么梦；第四步我会和家人一起如何美好生活。我将这些美好渴望都记录了下来，当感觉到自己退缩、没有力量时，就拿出来看看，给自己重新灌入强烈的信念。

　　我们都知道要为美好生活而努力，而美好生活其实就是我们内心的渴望，把自己想要的目标清晰确立起来，一点点去靠近，哪怕慢，目标也会距自己越来越近，更好的自己就会逐渐走来。

　　前段时间，我偶然看到百丽的一则广告，里面讲一个"透明"女孩贝拉，总是不敢尝试，习惯退缩，突然有一天，她看到另一个贝拉横空出世——想变美就化妆，想变瘦就健身，想变优秀就更加努力。

从平凡到不平凡，从退缩到向前，贝拉的内心一直在纠结、怀疑，最终，她鼓起勇气拥抱了这份变化，也拥抱了更美好的自己。

人之所以有智慧，就是因为我们可以通过意识、行动来改善自己的境遇，机会的来临从来都是没有预兆的，它会突然降临在我们的生活中，投下一道风险命题，看你是否接受，它是推动我们成长的力量，正所谓不被生活撂倒，才能一路高歌前行。向前一步，自信且美丽的自己，我们都可以拥有！

谦卑而执着，羞涩而无畏

2012年，人民日报社副总编卢新宁受母校之邀，回北大做演讲，她说的一段话我至今都记忆犹新："我唯一的害怕，是你们已经不相信了：不相信规则能战胜潜规则，不相信学场有别于官场，不相信学术不等于权术，不相信风骨远胜于媚骨。请看护好你曾经的激情和理想。在这个怀疑的时代，我们依然需要信仰。"

是的，一个人相信什么，未来的人生就会靠近哪里。

有次在地铁上，我问北漂数年的璇子："为什么要留在北京？"她大笑着说："因为梦想啊！"说这句话的时候，她眼里闪烁着的光亮，是那么动人。

我为她高兴，因为相信梦想，就有实现梦想的可能。人最害怕的，是不能按照自己的意愿过一生，但我也为她心疼，因为谁也不确定这个梦想什么时候能实现，坚守梦想非常不易。

我算是一个比较幸运的人，大三就和老公谈了恋爱，26岁结婚，28岁生孩子，从北漂成了北京人，从租房到有了自己的家，人生大事没让家人太过操心，一路走来，因为心里一直有个声音：一切都会越来越好。

曾经的我，也为什么时候才买得起北京的房子而苦恼，被那个天文数字压得喘不过气。如果当初回老家发展，就没这么难了，婆婆也觉得回去能住大房子，为什么非得在北京这座城受苦受累？我很能理解家人的这种心情，谁不想家庭和美、岁月静好，但我告诉自己，不尝试怎么知道不行？我不想北京的生活还没开始，就被眼前的困难打倒。

选择了一座城市，就是选择了一种生活。有人说，如果你足够幸运，年轻时在巴黎住过，那此后你无论到哪里，巴黎都将一直跟着你，因为大城市的气质会影响你的一生。

我相信一座有增值能力的城市，可以让一个人因为周围环境而不断地成长，如果在这个过程中再结合自身的优势，就能够不断借力和成就自我。

在包容万物的中国首都，随处都有内涵丰富的灵魂、有趣的生命以及随时可以突破自我边界的机会，我们可以接触到最先进的技术知识，在这里还有着在中国乃至在全世界都很厉害的公司。在人潮涌动的地铁里，看着一张张奋斗中的脸，你也会充满干劲儿。

　　一个人要想成功，首先需要的是提升眼界，打开格局。当你站在更高的角度上去看待问题的时候，就会发现有更多有意义的事等着去做，也就会跳出现有思维去看待机会，如此便能找到属于自己的那份淡然和宠辱不惊。

　　格局，不仅决定一个人的高度，还决定一个人的远方在哪里。

　　有一次，去成都出差，我特意拜访了从事残障事业的专家熊姐，她热情开朗，随和健谈，跟我分享了她创业一路走来的点滴。在这个过程中熊姐从没把我当"外人"看或是担心自己被模仿超越，她开放的共赢心态，让我很是佩服，一个优秀女企业家的格局在我面前清晰可见。

　　时间宝贵，同时时间对我们每个人都是公平的，我们最终的成就，都源于自己对时间的利用。于是我去读书，去思考，去写作，去拜访优秀的人，不为一些鸡毛蒜皮的小事计较，不为一两句负面的话而影响了自己心情。

　　同时我知道，年龄真的不重要。以前我总是觉得自己离长大挺远的，但恍惚之间，我居然已经是一个孩子的妈妈了，现在，我觉得自己依然年轻，依然可以追求自己的梦，不会因为自己的年龄就给自己设限，学习什么时候开始都不晚，我的梦想才刚扬帆起航。

　　我也知道，爱笑的女生运气总不会太差。因为爱笑，所以

在生活中我总能遇到很多善良的人在帮助我，我越发觉得
自己是个十分幸运的人，更愿意把这份快乐和感恩传递给
身边的人。

成功属于有准备的人，所以我对自己清零，去积极准备，
相信所有的努力都算数，即便你说我不行，他说我不懂，也没
关系，我依然会不断努力。一件事情最终会做成什么样，只能
随着时间流转才能看清。我知道，人生从来没有捷径，要想成
功只能努力。

人的思维，决定个人最终的结果。成长型思维者有一个共性，
那就是不畏惧挑战，总是抱着试一试的心理，认为万事万物都
能通过自己的努力而发生改变，所以我一直没有停止学习，一
直在奔跑。有些人跑在我前面，有些人停下来欣赏风景，而我
有时急有时缓，守着自己的初心，在寻找适合自己的成长节奏。

我相信，努力和坚持过后必将获得属于自己的一片天地。
全身心投入一件事后总会有收获，所以我做事比较认真，如果
认定了，就会拼命坚持到底。所有的全力以赴，都是为了日后
不捶胸顿足。

我相信，吃亏是福，"傻人必有傻福"。去年参加学院的足
球比赛，现在想来，年过三十、有家有孩子、没有任何足球经
验的我当时应该是哪根筋不对了，对于这种为丰富班级生活的

活动，我可以有一万个理由不参加，但是看到比赛规则里说必须有女生上场，必须女生踢进球门才算得分，而班里没一个女生报名，我就报了。

我对足球的记忆，顶多就是小学时经常看动画片《足球小将》；初中时，我多次被足球撞过头，后来便害怕起了足球，看到了就躲得远远的。

但报名参加比赛后，我就尽全力投入，那段时间，上课、培训、足球活动，三件事情赶在一起，每一件事都需要本人到场，所以在不同场景之间切换我非常累，有一件特别值得庆幸的事情，那段时间我的体重竟破天荒从三位数跌到了两位数。

其他班的女生都是轮番上阵，我这边就我一个人坚守全场，比赛过程中，我身上那股子不服输的劲头被完全激发了出来。因为这场比赛，班里的许多人对我有了新的看法，因为以前我很少参加活动，他们对我知之甚少，但借助这次比赛，他们看到了我是一个"讲义气"的女性，认为我值得交往。

付出总会有收获的。无论收获是哪方面的，首先需要的都是付出，要知道天上从不会掉馅饼。

我相信爱情。大学交男朋友时，我也曾徘徊犹豫。这个人是否值得托付未来？能否和我携手相伴一生？即便有这些不确定的问题，我还是会努力让自己享受当下，爱情的细水长流，不外乎互相成全。在"柴米油盐酱醋茶"中，你一言我一语，不可能全是一地鸡毛，更多的是彼此陪伴。

我相信，心里什么样，看到的世界就是什么样，就像"念念不忘，必有回响"，只要我们心中有所想，便能为我们的人生底层系统装上一个加速器，为我们的人生赋能。

"不积跬步，无以至千里；不积小流，无以成江海。"所以，请相信"相信"的力量，它非常宝贵。祝福追梦的你，愿你相信你的未来是美好的。

比起逞强，我更敬佩温柔的力量

　　从小到大，身边的所有人都教我们要坚强，却少有人教我们示弱，明明心里装着一个受伤的小孩，还死守硬扛。似乎这个时代，女孩子被说成"很女人味""像个女孩儿"已经少了太多赞美的意思，于是，越来越多的女生自称"女汉子"。但在我看来，比起逞强，我们更应该发展自身温柔的力量。

　　这种力量的来源很多，比如偶尔撒娇就是一种很高级的温柔。我们熟悉的林志玲，刚进入大众视野时，很多人在看到她的外貌以及听到她的声音之后，会觉得她是一个"花瓶"，声音嗲声嗲气，女生听了都起鸡皮疙瘩。

　　可慢慢地，林志玲用自己的语言和行为，证明了自己虽是"花瓶"，但是一个高情商的"花瓶"，面对媒体的负面报道时，她会用温柔的语言回应，让原本尴尬冷场的状况得到缓解，身边的人和她相处久了都会觉得很舒服自在。

　　但有朋友会说，林志玲是因为长得美，撒娇才管用，那些不是大美女的人，哪有撒娇的资本？我们来看看贾玲，很优秀的喜剧演员，不是大众眼中的美女，记得在一期节目里，贾玲在谈论"胖姑娘"撒娇的问题时说，她也会撒娇，而且她说，肉肉的女生撒娇不会让人觉得别扭。听到这话，观众席里一片笑声，有一位嘉宾打趣她，说贾玲你要是撒娇往那儿一靠，还不把对方压死？贾玲立马笑着回道，我就是轻轻一靠，自己使着劲呢。让人不得不赞赏她的真性情。

所以，撒娇没有"颜值"之分，这是所有女生天生的优势。但撒娇时，我们要懂得拿捏分寸，软硬相宜。撒娇时，要注意对方的情绪变化，察言观色，撒娇如果过度了，就会显得矫情、做作，因此你要清楚身处的环境和沟通对象，不能对谁都撒娇、撒一地娇。

这种能力不是一下子就能掌握的，可以先从熟悉的场景中去揣摩。每一次撒娇，试着去观察身边人的气氛和回应，以便知道自己撒娇是否适宜。同时，要懂得示弱的力量，培养以退为进的温柔。

如今这个社会对女性的要求越来越高，竞争也越来越激烈，所有人好像都期待这样的女性形象：既要经济独立、身材有型，又能轻松赚钱享受生活。给人的印象就是：左手一口锅，右手一台电脑，在家庭和工作中轻松游走。

这样的愿景没有错，因为我们女性对痛的领悟和承受能力要高于男性，这便造就了我们强大的心理张力。可当事情达到我们承受的临界点时，不懂得减压和寻求帮助，就会给自己带来极大的伤害。真正的温柔，是既要能独当一面又要能收起羽翼，寻求温暖的避风港。

在我周围，性格最要强的，一定是我的婆婆。她是一位非常独立且刚毅的女人，换句话说，就是从不向生活示弱，一辈子辛苦扛起了家的责任，即便自己身体不舒服，也会主动去做、去奉献，很少优先考虑自己，眼里只有家人，哪怕嘴上多唠叨你几句，行动上还是在为你付出，就像披着钢铁外套，什么事都想着自己去扛，这样的性格让她疲于生活，一辈子都在操心和忧虑之中，很是让人心疼。

对于我来说，对待工作，我很少示弱，习惯给自己施压，很多朋友告诫我别太累了，放慢节奏，但我总会有对自己狠下心来、坚持下去的理由。虽说如此，但在处理亲密关系时，我会经常示弱，弱到好像没有自己的姿态。

有一次我做了不合适的事，老公狠狠地批评我，而我就像小女生一样不理他，生他的气，但冷静之后，我很快一张热脸贴过去，说着好话承认错误。生活哪有那么多对错？家庭和睦才是最重要的。

有时候，我也会在两个人心情都好的时候再去告诉老公，我对这件事情的看法，去获取他的理解。示弱并不代表不为自己发声，只是要学会选择合适的时间和场所。

在亲子关系中，我也经常向孩子示弱，有时会和他角色互换，我扮演孩子，他扮演"爸爸"，换位思考理解彼此的一些想法。当遇到自己不懂的事情时，我会坦白地告诉孩子，这个问题妈妈不懂，妈妈也需要学习。

我想，主动向孩子示弱，不是家长不作为，而是更希望孩子也能获得一种权利，去感受滋养彼此的爱。

我的一位好朋友曾说，自己好像有点儿抑郁了。我问她缘故，她说自己心态不好，畏惧情绪，好像"双商"都变低了，啥都做不好。我便安慰她：这些都是因为你心里对现状排斥，压抑了自己的成长，人只有在舒服的环境里，才能正常发挥。

我的朋友可能是因为换工作和处理不好家庭关系，无法找到使自己身心合一的节奏，被阴郁的情绪压着，换成是谁，这都是很大的难题和挑战。其实想想，既来之则安之，我们都要先学会接纳和认可当下的自己。

过了很久之后，好朋友又说：我一直没跟你说的原因，是怕负面情绪影响到你，也担心自己在你心中的形象，但是，我真的需要你的帮助，现在觉得形象毁了也不是什么大问题。

听到这话，我很感动，因为朋友是将我当知心好友才这样说的。每个人都希望自己在别人心里的形象一直是美好的，但人总要面对真实的自己，尤其是有事业心的女人，更要学会温柔地对待自己。

这个世界有很多残酷和不公平的事，但也有很多机会和小确幸。即便世界无法给予我们想要的，我们也要怀揣梦想和希望，去拥抱那些失落和遗憾，拥抱我们惧怕和胆怯的黎明前的黑暗。

上大学时，我们学校的学生会主席是一位女生，她非常厉害，是"学霸"级美女，身材娇小，长发飘逸，看起来柔柔弱弱的，但学习起来很玩命，工作上也是雷厉风行的。她在男朋友面前，轻声细语，一颦一笑都透露着小女生的温柔，有次看到她在校园里拍摄的一组照片，她的笑容特别美好，她把坚强和温柔诠释得恰到好处，让人心生羡慕。

当然，女性温柔的体现，不仅是会撒娇、懂得示弱，更是会讨好自己，这是我们爱自己的表现。学会哄自己开心，也是一个珍贵的品质。

对我来说，讨好自己的方式实在是太多了，可能我是一个容易知足的人，对生活的满足点很低，比如听TFBOYS的歌，看《快乐大本营》《奇葩说》、娱乐新闻，逛街，吃甜品，和老公一起忙事情，读喜欢的书，安静地做瑜伽等等，做这些事时，我的内心会变得柔软和享受。

但一向自律的我，也会在某一天累到不想动，偶尔放任自己"挥霍"一点儿时间。这也是讨好自己的方式，不要过于纠结和愧疚，相信自己，谁还没有停歇的时候呢？

我向往成为女强人，有"大女人"的坚强和格局，也有"小女人"的情怀和感性，而温柔就是二者之间最好的纽带，也是女人最珍贵的品质。愿我们都被这个世界温柔对待，前提是我们先学会温柔地对待自己！

第三章

从没有一种坚强会被辜负

破除短板思维带来的成长局限

人们常说，贫穷限制了我们的想象，而我却觉得，是贫穷限制了我们的格局，让我们压根儿不敢多想，脑子里只容得下当下。我经常告诉自己：等我有了钱，再去充电学习；等我有了大块时间，再去旅游；等我升职了，再去好好奋斗实现自己的梦想。这就是一种短板思维，只关注当下，却带来了成长局限。

我表妹晓雪，刚工作三年就打算考MBA，过来问我怎么复习，于是就有了下面的对话。

我："怎么忽然想考MBA啊？"

晓雪："为了评职称，待遇还可以提高，反正现在空闲时间挺多的，就去学个呗！"

我："你好有上进心啊，那为啥不报所更好的学校呢？反正都花钱学习了。"

晓雪："哎，单位报销有限，就这所学校还是精挑细选的呢，性价比相对较高。"

我笑："你还没结婚呢，怎么就这么精打细算？"

晓雪："还不是因为穷嘛！"

我："那你更应该好好学，争取拿奖学金啊！"

晓雪一脸嫌弃："姐，你还老思想呢，不挂科就行啦！现在哪个单位还看成绩啊？有证书就好了。"

说实话，我挺佩服表妹，虽然有经济压力，学校选择面较窄，但她毕业三年了还愿意继续深造，这种学习能力是值得肯定的。但以我过来人的经验，认为她可以把这个目标定得更高一些，去更大的平台，收获可能会更多。

我朋友岚姐，自己开公司，前段时间，我看她在朋友圈晒学习笔记，我就问她最近在忙什么。岚姐说："最近我每天都在上课，周一到周五晚上，周末全天，觉得自己在演讲和谈判方面比较弱，就去充一下电。"我感到好奇，问道："看你学得还不错，这课程得多少钱啊？"岚姐告诉我："我给自己报了面授精英课，不到三个月两万块钱吧！"我又道："这可真不便宜，公司给报销吗？"岚姐告诉我："当然没了，我就是想提升一下自己的能力，对今后的事业和生活也有帮助，多少钱都值得。"

你可能会觉得，岚姐是一个开公司的，且不说财务自由不自由，至少也该是不差钱的那种吧！

其实还真不是，她一个人担负着一家人的生计，几年前还资助一位贫困大学生上学，在北京租着房子，每月还要还贷款，开着一辆二手汽车，每天城里城外来回奔波。

虽说是这样的情况，但她会给自己投资，每年两次进行集中学习，朋友圈也经常可以看到她发学习音频和听课的现场照片。

我问岚姐："你为什么这么执着地去学习？又不是要去找工作。"

她说："老在一个环境里，人的思维会慢慢地固化，如果不给自己输入一些新鲜空气，思维就会不断收缩，那样，我最终会被社会无情抛弃掉的。"

人们常说："富人思来年，穷人顾眼前。"

一个创业的北漂女性，在北京摸爬滚打十多年，并没有掉入眼前利益的旋涡中忽略自身的成长，而是愿意将大量的精力分配到学习上，在岚姐身上，我看到了一种突破短板思维的成长格局。

这也让我想到自己上MBA时的情景，学费并不低，我愿意拿出数月收入来投资自己，已婚、有娃，还处于创业期，拿本就稀缺的时间来学习，的确需要一股勇气。

促使我学习的最大原因，是当时遇到了思维瓶颈和知识漏洞，急需一个充电续航的机会。在选择学校时，我放弃了那些看起来容易，伸手就够得着的学校，而是选择了需要付出极大努力才能争取到的一流大学。

记得下定决心后，我给我家老公汇报，他说："那就去考吧，反正学费你要想好。"

当热情冲动的自己遇到理性"耿直男"，就像火山遇到冰山，残酷的现实将我打回了原型，因为家里刚刚支出了两笔大的开销，经济情况比较严峻，我很理解老公的忧虑，但既然决定了，我就先好好复习，船到桥头自然直，实在不行，就申请助学贷款。

后来，成绩出来，我还是对得起自己的付出的，而我第一年学费是自筹加贷款的，现在想来，当时也算是家里的一笔"奢侈"消费了，还好，这个决定没有让我后悔。

我们都知道，投资股票、房地产会有风险，而在我家，再穷也不能穷教育，对于一个脱离义务教育的成年人来说，教育上的所有支出都需要自己埋单，所以我特别感恩家人愿意拿出超预算的资金投入到我的教育上，而我也没有因为思维短板，放弃自己的学习之路。

除了学习，在工作上，我们也可能因为思维短板带来的局限，而陷入多少工资干多少活的死循环之中。

电视剧《蜗居》里有个片段，我印象很深刻，郭海藻对老板说："你给我三千多块钱，我就干三千多块钱的活儿。"这种想法，就是典型的做完了上司布置的任务就好，只关注自己三千块钱固定工资的事情，压根就没有把上司的活儿当成公司的活儿，没把上司的活儿当成自己的活儿，更没把公司的活儿当成是自己的活儿。

不是说非要我们牺牲小我、放弃个人利益，只是说关注眼前利益的短板思维，真心要不得，长此以往，会成为阻碍我们未来发展的羁绊。

读研究生时，我在一家企业实习，刚开始总经理招聘我是因为看中了我的管理学知识，希望我对组织流程进行梳理，可是入职之后，我发现这家公司有很多难以破解的问题，我真是心有余而力不足。

我做了两三个月，基本都是打下手，不是帮行政部门统计人员信息就是配合生产部门处理物料单，要么就是参加学习培训，写写过程笔记，时间久了我觉得自己的价值没有发挥到"点"上。

当时，公司一个月给我近两千块钱的实习工资，还是很不错的，可我做的工作并不是老总招我进来的初衷，拿着钱不干事觉得烫手啊，就连去食堂吃饭，看着那些辛苦一天回来的同事吃起饭来很香，我都觉得很愧疚。

关键是，同事们看我的眼神都有内容——快看，这就是新招来的研究生，成天做点儿打杂的工作，也没多厉害啊！

后来，我就想提出离职，拿这么多工资，却干不了多少事，我就别这么耗着了。有一次，做技术的同事带我去车间帮忙，一路上对我发牢骚：不同部门之间来回交纸质单据出现各种问题，大家各种推诿，弄得一个月要加很多班，有了这些图纸，工人们虽然检修方便，但图纸更新和保存很难。他向我吐了很多苦水，可能觉得我也不是正式编制，说说也无妨。

我听完之后，回去认真地思考了公司的内部管理问题。技术和生产两块业务，完全可以做信息化对接处理。自此，我像抓到救命稻草一般，将之前两个多月对不同部门的观察思考彻底整理了一遍，建议公司引进一套销存信息系统，利弊也详细地列了出来，写了一份详细的报告给总经理。之后，总经理找我谈话，同意我作为项目负责人去配合相关部门实施此事。

当时总经理对我说的话，到现在我还记忆犹新："我感觉你刚开始很难融入这个环境，拿这个工资，做那点儿事，好像并不值这个价，我想看看你能坚持多久。在看到这个报告后，我发现你还是有所思考的，而且愿意站在公司角度去考虑，这说明我没看错人。"

　　听完后，我既感激又惭愧，感激总经理对我信任，惭愧拿了几个月空饷没好好做事。如果当时我只看着眼前的那点儿实习工资，抱着反正自己不是正式员工，继续厚脸皮待到实习结束，也不会出什么大问题，但是，温水里的青蛙只会让自己越陷越深。好在，我自始至终没有这样的短板思维，根据工作环境干出一些小成绩，找到了自己在公司立足的价值所在。

　　一直以来，我给自己定的学习目标是四十岁以前考证、深造都不晚，我还挺沾沾自喜的，觉得自己比一般人有更大的成长欲望。

　　后来认识一位年纪很大的王姐，我才知道，原来学习这件事情永远都没有年龄限制，王姐的学习热情很高，和我们一起参加培训，每次上课都提早到和老师交流。后来，出于好奇我问她："王姐，你太让我佩服了，这个年龄还出来学习，早该在家里享福了。"王姐笑着说道："可能是我好奇心比较强吧，不想让自己总在一个环境里，虽然年龄大点儿，但我脑子还可以，多和你们年轻人在一起，我感到很有活力，家里人也支持我，何乐而不为呢！"

　　真好！王姐完全刷新了我对学习年龄上限的认知，如果说之前我定的学习年龄上限是四十岁，那现在，真应该像古人说的那样，活到老学到老，永远保持对这个世界的好奇心，而好奇心，就是帮助我们突破短板思维的一种牵引力。

　　这个世界，拥有如此多瑰丽的奇迹和让人期待的不确定性，希望我们不要因为短板思维就看不见身上的光，只要有机会，我们就要勇敢去尝试；更不要因为短板思维，就屏蔽未来的无限可能，只有跳出短板思维，我们才会发现更广阔的天地。

做一个有分寸感的人

在我们家，要说谁最有礼貌，做事最有分寸得体，那一定是我老公，他总会考虑别人多一些。比如停车，不是自己停好了就行，他还会注意旁边的车是否好进出，哪怕自己下车不太方便，也要让别人方便；吃饭的时候，会想到服务员待会清理起来轻松一些；去超市购物，不要的东西会放回原处。

我有时觉得他太认真了，何必呢？这时他就会教育我：你要多想想别人。在他眼里，与人方便，就是方便自己。

这两年因为一个项目，我认识了一位老北京人王哥，别看他是草根成长起来的"粗人"，但拿捏处理朋友关系特别细腻，对朋友很有分寸，是我学习的榜样。

他本人是做服务行业的，身边围绕的大多是小姑娘，知识层次可能不高，但作为老板，他都笑着称呼她们为"姐姐""妹妹"或"领导"，讲起话来特别亲和，让人如沐春风。

俗话说"伸手不打笑脸人"，能每时每刻做到这一点，也是相当难的，更重要的是，他并没把自己当成是老板，而是和大家像兄弟姐妹一样，他的很多员工是北漂，在他这里工作，找到了很强的归属感。

他做事的一个细节让我印象深刻，一次他听到公司里放的背景音乐不对，就对一位二十出头的销售主管说：妹妹，你把这首歌换了，我听着有点儿悲，咱换个你喜欢听的。

听到这话，我认真品味了一下，觉得很妙，这话有两层意思：第一，这首歌的风格和咱们的服务场景不协调，顾客的心理体验如何和背景音乐关系很大，甚至直接影响销售业绩，这件事的重要性他希望这个小主管知道；第二，他并没有劈头盖脸地指责是谁放的音乐，也没有把责任推到主管身上，而是让她先更换，要换什么音乐呢？这不是他的长项，但他说了句很合适的话，那就是"换个你喜欢听的"，说明老板相信员工的能力，而"你喜欢听的"就是大家喜欢听的，也适合公司服务的场景，这样的话同时给了员工很大的权力和尊重。

但是，王哥并不是一个没脾气的老好人，公司出现问题的时候，他也会严厉指出，但他不会直接找员工来说，而是找管理者沟通此事，去排查分析，解决问题，那时的他，俨然一副老板的样子，推动公司经营业绩提升。

他经营的业务非常有人气，因为员工都主动聚拢在他周围，而有人气的地方就有财气，还怕什么做不成吗？在他身上，我学到了做事的分寸感，他具备一位成长型企业家的格局和风范。

相比之下，我对分寸感的把握就不太好，遇到和自己不是一个圈子的人，很容易把自己当回事，身份认同感很强，不免让人觉得清高和不合群。

有次我去其他公司沟通项目，去的路上花了三个多小时，到目的地后听对方介绍公司情况，那些使命和愿景"天花乱坠"，我感觉就像是洗脑，听着对方不切实际的介绍，心里不由得有些反感。

这种反感情绪自然也体现在了我的语言态度上，我总想着去反驳对方，据理力争，可对方呢？对方仍细心讲解，笑脸相迎，还换位思考和我分析自己的困惑，慢慢地，我觉得自己太小心眼儿了。

"三人行必有我师焉。"不开放的心态，让我总想去说服对方，但如果不先打开思路，如何发现合作的可能呢？暂且不说别的，对方给我的线上课程提供了很多实质性建议，给我打开了全新的视野，我的收获非常大。

在回去的路上，我认真反思了一下，觉得这次沟通我对分寸感把握得很不好，太有攻击性，后来我诚挚地向初次见面的老师表达了自己的歉意。

做独立的女子，
有多艰难就有多值得

对待帮助我们的人，我们不能无限制地去消耗这层关系，我们需要对分寸感进行把握，考虑是否时间合适、内容合适、场景合适，不求将心比心，至少要换位思考。

我曾经遇到这样一件事：一位年轻的创业者和我一起参加训练营，有天他微信对我说：在忙吗？只有这三个字，我担心有什么事，就连忙回复说：您有什么事？等了许久他也没回信息，过了几个小时，他发来一篇软文，还附上一句帮忙转发文章的话。

说实话，我非常不喜欢微信里用"在吗""忙吗"来打招呼，尤其是只有这几个字，后面什么也没有，根本不知道对方想表达什么。

身在职场，大家谁不忙？到底该如何来界定忙不忙呢？如果大家沟通都只说"在吗""在""怎么了""是这样"，只会增加不必要的时间成本，这就是没有把握好沟通的分寸。

曾经有一位老同学就喜欢用"在吗"这个词和我聊天，我就对他说：我看微信时间不定，有时上课，有时工作，有时带孩子，如果你有事就直接留言给我，我看到了就会马上回复你。

微信沟通时，如果是紧急重要的事，就直接打电话；非紧急非重要的事，可以问候后就直接留言，因为在或者不在，对方都在那里。

虽说心里不怎么舒服，但我还是帮这位创业伙伴将文章分

086

享到了朋友圈并截屏给他，后来他又说：方便的话，也想请你转发到别的微信群，希望更多有需要的人看到，谢谢，你有需要的话，随时找我别客气。

我看到之后，只回复了一个笑脸，算是表达了自己对这件事的态度，也轻轻地关上了继续沟通的大门。

或许你会说我太较真，太敏感了，现代社会，微信确实增加了我们沟通的广度，我们可以随时跟通讯录里的任何一位朋友沟通，但语言的使用技巧我们需要修炼，对于这位朋友，我觉得他并没把握好分寸，我只针对这件事，他本人在其他方面的能力还是非常优秀的。

一直以来，我都是一个急性子的人，在项目推动中，只讲究效率和反馈，当对方无法满足我的节点需求时，我就会很急躁。这时我如果着急问，显得有催促对方的意思，感觉像要账，后来我努力寻找分寸感，注意自己沟通的频率和说话的态度。

还有一件事我觉得很有意思，有一次我和几位朋友坐车回学校，一位女生对开车的男同学说："副驾驶座可以坐吗？"我听到这话还很纳闷，有啥不能坐的？另一位女生就笑着说：有些车的副驾座位上会贴"老婆专座"的标签，上次我坐男同事的车，发卡掉到车上，害得对方回家后紧张得不行。

这虽然是有点夸张的玩笑话，但让我发现，原来副驾也有这么多"潜规则"啊，而那位女生提问，就体现了她对人的礼貌和尊重，分寸把握得极好。

分寸感，是在每一段关系中都需要注意的事情。尤其对作为女性的我们而言，妈妈、女儿、老婆、儿媳妇还有自己，无法固定扮演一个角色，在生活中我们会不断地转化角色，如果失去了分寸感，就会给关系带来极大的影响。

当我们是家长时，对孩子教育批评时，或多或少会用家长的权威来对待孩子，这时就需要我们把握好家长和孩子之间的分寸，坚持在和善中寻找平衡。

当我们作为妻子时，有时会抱怨老公关心自己少，想要对方呵护自己，对老公的角色要求很多，或者将自己的身心都放到爱人身上，为这个家24小时服务，却没了自己的生活，这些都是分寸感失调的表现，而爱需要相互的成全和给予，这值得我们一生去探索。

当我们面对自己时，如果总是想着为什么我还是现在的我，和别人差距怎么那么大，需求和现实得不到满足，就很容易情绪失衡，抱怨、失落、不自信，所以我们既要低头做事，又要抬头看天，这种自我鼓励和自我审视的分寸感，值得我们深思。

我做无障碍公益后，深刻感受到，公益的爱心也需要一定的分寸感。有些残障朋友和我们一样正值青春年华，甚至比我们还小，尤其是后天伤残的朋友，很是让人痛心。刚开始的时候，我也拿捏不好分寸去面对他们，照顾得太细，会让对方觉得我太客气，有时我还会不懂事地盯着对方的伤口看，其实这是一种侵犯边界的不礼貌的行为。

总之，分寸感就是无论做什么事，都要想到对方的感受。对方使用时是否方便；对方看到了会有什么反应；我们的孩子看到我们的一言一行，感受是正向的还是负向的，这些都需要我们去注意把握。

人生没有捷径，你要做好每件小事

几年前，刚迈入三十岁的门槛时，我突然感觉有些慌了，虽然有家庭、有孩子，可人总会去关注那些自己没得到的东西。当发现高管职位、大公司平台、行业大咖、股权激励、年薪百万、财富自由等目标都还没实现，我就着急了，是我的方向不对还是没有踩准发展点？这个发展点就像是"我能把地球翘起来"的支点。

有一次，朋友给我推荐了一位行业"大咖"，添加微信之后，我就给对方介绍自己的项目，包括项目初衷、亮点、业务模式以及未来预期，洋洋洒洒写了近千字发过去，自己都快被感动了，信心满满地等待对方回复，而"大咖"呢，只云淡风轻地回了一句："你好！我只是打酱油的。"

我觉得"大咖"太谦虚了，按着自己的思路继续说道："前段时间看到您刷屏的那个活动，策划太棒了，特别希望我们的项目也能推广得这么好。""大咖"回复我："那是个意外，并没有任何策划案。"还附了一个一言难尽的表情。

我觉得是时候说重点了：我希望和您的团队合作，把新公益理念更好地辐射到社会公众中去，希望您能帮我们对接一下。我又说了很多其他的话。对方的回复是："需要对接什么？我们的平台是开放的，团队没有精力做定制化服务，大家都是按流程申请进入的。"

如此"官方"的回答，一下子就把我的热情浇灭了。

说实话，我是希望从"大咖"这里"走个后门"，直接拥有特权，把我们的项目"加V"送到置顶。

但是，"大咖"并没有按照套路出牌，或者说，现实并不是我自导自演的电视剧，他一视同仁，没有给我走捷径的机会。

这件事让我很沮丧，后来我才明白，别以为社交平台认识的"大咖"就是你的人脉，更别想随便找捷径。

我有一位跟了多年的领导，现在他身价不菲，是因为他二十多岁开始拼命奋斗，十多年后才获得公司认可，这才有了日后极速发展的机会。

想走捷径，大都是因为我们看到成功人士光彩耀眼，看到互联网时代那么多爆款和黑马，于是就想耍点小聪明，不循规蹈矩了。

还记得我高中时数学成绩一直都很拔尖，每次考试，感觉头顶就好像有一团祥云在流动，现在想来，这估计是自信的心流吧，我也很享受呢。

于是，很多同学崇拜地对我说：你好聪明啊，怎么数学学得那么好？只有我知道，我并不是很聪明的人，只是下了更多笨功夫而已。

比如提前预习，这样老师讲课时，我就不是第一次面对，生疏感也就没那么强了，还会带着很大期待去学习；课后，我不仅会做书上的习题，还会找练习册去做同一知识点的不同习题，让学习到的知识融会贯通。最重要的是我会认真整理数学笔记，我有两个笔记本，一个公式本，一个错题本。公式本是数学的骨架，其实很多题解答不出来，就是因为公式原理没有理解透彻；错题本，就是将自己做错的题进行整理，包括知识点和思路，错题是最好的老师，整理错题是温习知识漏洞的最好工具。

也就是这三个方法，让我的数学成绩一直很稳定，而每次学期末看到自己的笔记本被同学们传阅，我也很有成就感，那真的是日夜积累下来的。

我身边，有一些同学很聪明，考试前临时抱佛脚，开考后耍点儿小聪明，偷偷瞄一下同桌、后排，也可以取得好成绩，但真到了实战场上，基础没打好，吃亏的还是自己。

我上学时靠笨办法踏踏实实地学数学的精神去哪里了呢？有时候我们真应该回归童真。

之前拜访一家企业，创始人在介绍公司时说：公司发展初期遇到了很大的资金危机，连换大点办公室的费用都拨不出，急需融资，这时很多投资人给我们送钱，有的估值高得连我们都觉得诧异。当时我只有一个条件，那就是别和我谈条件，只给你股权，我就要钱，更别说对赌协议之类的条款了，否则我就找其他家。

创始人是笑着说这些话的，我觉得她好硬气啊！

这时有朋友问创始人："其实对赌协议也没什么不好，能给企业带来发展，为什么不接受呢？"

这时她严肃地说："我们想的是让企业长期发展，而不是极速上升，对赌协议只会让企业背上加速器的压力，这样便弄错了脚踏实地做事情的本位。做大企业可以有很多种方法，只让估值扩大有什么用？跌下来会更疼，我们需要的是企业活得更长久，离开时更漂亮，所以刚开始的估值对我来说并不重要。"

听完这些话，我想了很多，也许个人发展也应该如此吧，我们都在寻找自己的发展点，无论是二十岁、三十岁还是四十岁，都是生命里重要的时刻，而把握发展的心态与节奏最为重要，对于我这样标榜"快、准、狠"的人来说，外在就显得有点"急功近利"，而要回归平和并且踏实下来，做好手上的每一件小事，才是我的头等大事。

曾看到过这样一篇文章，来自公众号"商旅概览"，文章里讲，前平安集团渠道总监良大师写过不少关于职场的文章，很多年轻人对他在500强公司里面任职的事情很感兴趣，就请他分享在大公司做"大事"的经验。

良大师是这样说的：其实根本不存在什么大事，也没什么绝招，你要做的就是把一件件小事做好，而每一件大事背后，都是无数琐碎的小事。

这个回答与提问人想要的答案大相径庭，大家想听的其实是有没有速成的"武功秘籍"。

良大师却告诉他们，成长没有任何捷径，事情要一件一件地做，"大事"是一步一步积累出来的。比如为公司带来近50亿元的业务收入，这样看起来非常"大"的成功，需要做的也无外乎是追踪表格、电话沟通、激励文案、机构走访与宣传等，没有小事的积累，就没有最后"大事"的壮美。

世上压根就没有毫不费力就能成功的捷径，那些看起来光鲜亮丽的事物，都是由无数心血和努力积累而成的。

大自然中，竹子生长最初的4年，大概会长3厘米，而从第5年开始，它就会以每天30厘米的速度疯狂地生长，仅仅6周时间，就会长到15米，在这之前竹子将根在土壤里延伸了数百平方米。

回想我们的生活，做人做事也是这样，我们所走的每一步，所做的每一件小事，都是在帮我们把根基扎得更牢固，而有多少人，能熬过竹子那样的4年呢？

很多人都在谈创业公司的0到1，其实，在这个过程中，还有很多要走的0到0.1、0.1到0.101、0.101到0.20……才会最终到达质变之后的那个1。对于1到1000，再次发展的临界点，可能在10，也可能在50，更可能在500，在这个过程中，内因和外因都很重要，但如果为了找捷径而去选择更容易更便捷的道路，就会从刚开始的"事半功倍"，演化成之后的"事倍功半"。

无论是创业还是人生，我们缺少的不是能力、技巧、模式，而是坚持和毅力。

写到这里，我也要感谢当初让我按照流程办事的行业"大咖"，没有因为我的几句"奉承"就给我开绿色通道，让我走捷径，我才有了深刻反省自己的机会，踏踏实实地一步步来。人生从来都没有捷径，我们需要秉持一颗匠心，用看起来很笨的方法，一步一步地打磨自己。

我们站在每一个岔路口上，都面临选择，正因为有了这些选择，才最终塑造了今天的我们。选择捷径，看似容易，但根基不稳，而最正确的选择应该是做好每件小事，让今天和明天的自己更踏实地向上成长！

机遇背后，都是一种门当户对

前段时间，我在地铁上看到罗振宇分享的一篇文章《你看到机遇背后的价格了吗》，文章里面说到"神童"这个现象：神童身上好像有一个诅咒，那就是小时候很聪明，长大后，成就反而一般。

文中举例了莫扎特的故事。莫扎特是世界级神童，他写第一部交响曲的时候才8岁，他最辉煌的时候，和法国皇帝在一张桌上吃饭，英国国王路过他家的时候，都要走下马车来和他打招呼。

但莫扎特17岁这年，成了他人生的转折点，他发现自己在维也纳居然找不到工作，不得不返回故乡，而且就在这一年，世界开始对他露出残酷的一面，让他贫困潦倒，他在郁郁寡欢之中年仅35岁便离开了人世。

文中将这种神童般的境遇称为"莫扎特式机遇"，而在我们这个时代，"莫扎特式机遇"的发生概率更大，因为环境变化太快，有很多种方法能让一个人或组织迅速红起来，成为网红、明星、大咖，或是一家公司突然成了"独角兽"，迅速上市。

但在"莫扎特式机遇"的背后，命运暗中标明了价格，机遇就像踩着七彩祥云来到我们身边，随着时间褪去自身的光环之后，他还需要我们有匹配的对等的能力。

这让我想到，刚进入知识付费领域时，进行了半年多的内容创作，当时的教练告诉我："媛媛老师，我觉得你现在提高内容创作能力会很吃力，咱们可以换个思路来合作，试一试女性拆书。"

我听了之后很好奇，也很期待，然后教练详细地给我介绍这个项目，我的优势、对标竞品是谁、如何来做，我听了之后非常兴奋，觉得这既可以让我多读书，又能把知识进行整合输出，满足我分享精神和共同成长的初心，心里暗暗觉得这是个机遇，我必须抓住它！

于是我立即选定了第一本书《少有人走的路》，开始拆解起来，但没想到这本著名的心理学读物特别难拆，感觉给自己挖了一个大坑，还要不断地鼓励自己：快跳吧，跳下去风景优美，即便摔伤了，也是成长的勋章！

然后，经过两个月的分析，结构梳理，我努力拆出一万多字的稿件，递交给编辑，得到的回复却是："逻辑不通顺，故事不够吸引人，整篇拆书稿缺少灵魂。"

于是，我开始反思，问题到底出在哪里了？同时也安慰自己，没关系，好文章都是修改出来的，就连之后生病住院，都带着这部稿件，边住院边修改。

当然在此过程中，我也有没自信和能量匮乏的时候，便给自己打鸡血，憧憬一下这个项目完成之后美好的画面，然后心里暗暗地告诉自己，一定要坚持，这是个机遇，有多艰难，就有多值得！

然而我继续修改提交，不满意，退稿，再修改再提交，像等待审判一样，接连反复，我也开始纠结，总觉得自己是一头热，应该找对方负责人好好聊聊。

经过深入沟通，我才发现，原来拆书项目，并不是只做内容就好，还需要团队作战，打造个人品牌，做好书目策划，研究目标用户。最开始，我什么都没有了解和准备就开始干了，并且项目过去了三四个月，早已不再是当初那个市场环境了，而我现有的个人品牌也没有办法支撑起一个爆款产品。

总的来说，这就是我一厢情愿认定的机遇，而我的能力还不足以匹配这样的机遇，更难以实现想要的预期，于是我决定暂停项目。

但我依然感谢对方客观全面地给我解释这个项目的内外环

境和目前现状，才不会让我继续陷入"自嗨式"机遇中无法自拔。

查理·芒格说过："要得到你想要的东西，最可靠的方法就是让自己配得上它。"所以我愿意等待，在成长中去等待，当我们彼此都认定的时候，再重新敲开这扇机遇的大门。

那次项目之后，我也认真思考了为什么我会这么看重这个机遇，希望拼尽全力去抓住它。可能和我小时候的经历有很大关系，我的父亲，给我讲过很多他年轻时的故事，说他因为当时报考大学太难，错失了继续深造的机会，因为家里条件不好，选择工人而没有进入教育体系，再之后，又因为各种原因，他和本来降临在他身上的机遇擦肩而过。

父亲是一个爱读书、性情温和的老好人，我对他错失机遇的事也挺惋惜，可他并没有活在遗憾和后悔当中，如今已过60岁，还像个大小伙子，勤勤恳恳地奋斗着自己的事业，但这些事在我幼小的心灵里埋下了种子。

据说，人这一生中大概能遇到7次改变人生的机会，而这些机会往往都是在前期，日复一日地投入和坚持才遇到的。

后来，我就告诉自己，只要有机遇在我面前，我一定要主动出击，拼全力抓住它。

所以，在2007年考研时，我报考了中国人民大学企业管理专业，而我本科上的是河南科技大学，专业是数学与应用数学，两个城市的距离，两个专业的跨界。我在心里为自己打气，我要抓住这个考研机遇，我要跨专业学习企业管理，我要去最好的人文管理专业继续深造。

下定决心之后，我从大三上学期开始复习，因为人大专业课没有指定的教材，我自己又是跨专业备考，就买了很多管理学教材从头开始补，经过近一年的学习，结果却让人遗憾，由于英语成绩低于录取线，专业课成绩平平，我第一次考研以失败告终，这个机遇像海市蜃楼，在我面前一晃就过去了。

当时，父亲给我发短信，鼓励我，让我加油，还告诉我一些名人是如何从农村一步步地成长起来，他们都经历了哪些艰难和不易，才有了现在的成功，而我这一次小小的失败，根本不算什么。

那时候，智能手机还没盛行，我爸靠"一指禅"编辑短信，还发了两百多个字给我，让我特别感动，也让我备受鼓舞。

冷静、思考、反省之后，我告诉自己：我要再考！

但是，名校的跨专业考研，这个机遇背后的"价格"实在太高，于是我重新选择，备考燕山大学企业管理专业，经过几个月复习，最后专业课仅扣7分，英语超预期发挥，我很顺利地完成了第二次考研。

机遇面前，人人平等，谁都可以争取，但是选择哪条路，敲开哪扇机遇大门，就要懂得清醒和自知，看清背后的价格。

当然也会有人说，你第二次考研，不敢再报人大，是被吓坏了，也许再坚持一年就会考上呢！

成年人的世界里没有对与错，即便到现在，我依然感谢当时继续跨专业考研的自己，所有艰辛的付出最终成就了现在的我，无论选择哪条路，都是一种历练。而更重要的是，2007年的这个遗憾，我2017年选择考MBA时，多少还是影响了我的选择，最终考入中国人民大学也算是圆了自己十年前的梦，因为我不曾忘记，更不曾放弃，也算是"念念不忘，必有回响"吧。机遇的大门就在那里，只要我们准备好了，它随时会为我们打开。

同样，我感谢2018年的自己，几乎所有的碎片时间都用在了写作这件事情上，虽然知识付费项目没推动下去，女性拆书栏目也停了下来，但是，如果没有这些历练，也就不会有现在写书的机遇来到我面前。

对于工作，我从2015年开始做无障碍公益，遇到了很多主动抛橄榄枝，给机会和资源的朋友，然而，当冷静下来落地时，我却发现一张热脸贴过去，如同石沉大海。

刚开始时，我很沮丧，不是说好一起做事的吗？但回过头来想想，所有的合作都是有代价的，我们的能力撑得起对方给的条件吗？我们的合作，能给对方带来匹配的收益吗？诚然，我也很羡慕那些创业黑马和一路高歌的团队，但如果什么事情都这么快，成功也都看似这么简单，我们还会对自己所做的事情保持一颗敬畏之心吗？

答案是什么，已经不再重要了，因为我知道，那些耀眼成绩的背后，是无数个夜晚和黎明辛勤付出的累积，而所谓的机遇，就是"种瓜得瓜，种豆得豆"，所以，坚守初心，努力做好当下，那个门当户对的机遇终将来临！

完成比完美更重要

前段时间，我找一位学新闻的校友汪老师，帮忙录了几个"抖音"视频，成品出来后，发给朋友们看，一位好姐妹对我建议道：媛媛，录制的时候要提前2~3秒做好表情动作，因为录制有大概2秒的延迟，否则剪辑后的表情看起来怪怪的。

我连忙回复她：你的建议真好，下次录的时候我一定会改进。这位朋友继续说：之前你说找的是专业录制视频的，我以为他们都懂这个呢。

我回复她：因为普通"抖音"时长只有15秒，这对我们第一次合作要求很高，现在这个视频已经比我自己拿手机录制要好很多了，一些细节疏忽我觉得没关系，这又不是市场付费产品，作为宣传视频我觉得还不错，下次再录制，我会吸取大家的建议，慢慢改善。

朋友语气严厉地对我说：我不赞同你的想法，既然他来帮忙，那就要做好，不然等于白做，要不既浪费他的时间也浪费你的时间。

我听她这么说，也认真了起来：这个七八十分的作品，我能接受，这是大前提，完成比完美更重要，这不是市场交易，是无偿帮忙，"1.0"的产品不是最终的，肯定还有改进空间，我看中的是朋友对待此事的态度，他肯拿出时间、设备、专业能力来帮忙，已经很好了，而质量的提升也需要一个过程。

成年人的世界里，愿意无偿付出时间和精力来帮助你，并且连续付出的人少之又少，很多人吹的"饼"很漂亮，就是不落地，我见过很多，而时间对谁都非常宝贵，对方的建议确实很好也很正确，但这个产品在我能接受的合理区间里，我就觉得没问题，我更看中的是能把这件事做得更好的意愿和态度。

说实在的，我确实被好姐妹说的"要做就要做好，不然等于白做，浪费时间"的话刺激了。

后来这位朋友说：你觉得行就行。我想她看到我的态度后，也觉得没有必要再争这个了。

其实我心里也明白，朋友是在关心我，她觉得付出时间和精力来做此事，对方又是我口中所说的专业人士，就应该拿出更好的作品来，而不是明眼人就能挑出问题的"残次品"。

这次对话，给我带来很多思考，后来我在朋友圈发了一段这样的话："制作'抖音'视频的初心，是希望通过短视频传递更多亲子关系、亲密关系、个人成长理念，在不同平台中去分享，我和汪老师在第一天没有磨合的情况下，录制出26段15秒的视频，完成第一个小目标，我觉得已经很棒了，但这第一步并不完美，从优质视频角度来说，这样的作品还有很多不足，但完成比完美更重要，我会带着大家的建议，整装待发，继续改进，将更好的内容分享给大家。"

这就是我对这个项目的态度！

后来我认真地想了想为什么我看待此事的观点和朋友会有如此大的差异。很久之后我才发现，自己一直就是秉持着"完成比完美更重要"这样的理念成长起来的。

在学习上，我第一步要先完成跨专业考研这个目标，但如果当时我硬要考中国人民大学企业管理专业，这个"完美"目标，对我真的很难，于是我退而求其次，考其他学校的研究生，先完成第一步再说。

在工作上，我不爱拖延，经常会主动先完成工作，即便完成得很粗糙，没有逻辑也没关系，要知道，完成之后，就等于有了底稿，后续就是一个不断修改的过程而已。

比如写作这件事情，有了完成比完美更重要这个心态，我才能先"放过"自己，不计较每一句话是否走心，每个段落之间是否逻辑通畅，心里告诉自己先写完，多烂都行，只要把想表达的东西表达出来，每天完成1000字的小目标，连续三天就是一篇小文章，然后再去修改和完善。

写书也是如此，如果一开始定的目标便是完美，加上我又是一个认真的人，就会因为太较真把自己搞得很累，熬到很满意才交稿，只会把自己逼疯。

在我心中，满意和客观的完美有所不同，因为完美的标准是多维的，是一个仁者见仁智者见智的过程，但无论是什么，我们首先得将它完成，就像创业时的0到0.1，完成之后，再在不断的反馈中持续推进。

这让我想到之前遇到的一位一起培训的朋友梦杰，我们谈到运动这个话题，她说自己也想运动，但总是没有时间，因为她觉得运动需要耗费大量时间。去健身房或是去外面跑一个小时的步，这样的机会对她来说太稀有了，所以她就在运动这件事情上不断拖延，搞到她自己都觉得苦恼。

于是，我给她分享了自己的"轻运动"理念，就是将运动看得很随意，无论在哪里，都要"运动"起来，例如在地铁上踮脚尖，饭后站半个小时，和孩子一起爬楼梯，睡前做瑜伽（10~30分钟），让运动轻松地穿插在生活之中，这样每完成一段轻运动，心情就会很舒畅。完成一件事情可以给我带来很强的仪式感，只要主动去做，总比偷懒不做要好很多，站在客观的角度来说，这样做肯定比固定时间固定内容的运动要差一些，可生活没必要什么事情都做到专业级别。身心快乐，就是最大的享受。

这样并不代表着我们不用追求完美了，完美是一个动态目标，是在完成的过程中去靠近它，而在这个过程中，心态放松，反而能督促我们朝着"完美"方向发展。

很多人都说我的执行力强，为什么呢？因为我愿意勇敢尝试，小成本试错，包括做公众号、荔枝微课、喜马拉雅，都是因为我愿意勇敢尝试，用自己最大的诚意和努力，接纳和包容自己不完美的地方。

做事情的第一步，是要行动起来，这样才能知道做出来的成果怎么样。"要么不做，要做就做最好。"这里的"最好"，是处在动态关系中的"最好"，并不是固有的标准。

当然，我也会在完成第一步试错后，果断放弃一些事情，比如有一段时间坚持每周三次进行知识音频分享，反响平平，再加上内容没有什么创意，做了两周之后，我就果断放弃了。

但其实，这事我可以做得更好，我可以在内容的基础上加一些自己的心得体会，将节目录制得更丰富更有价值，然后每天坚持，像罗振宇那样，指不定坚持到哪天，我的节目真的会成为一个流量产品，但这需要付出很多很多的时间和精力，而这件事情，并不是我当时最"紧急重要"的，于是我当机立断放弃了这件事情。

在完成和完美背后，其实就是投入时间成本的不同，也正是这个缘故才有了后来的天差地别，但恰恰正是因为有了这次小目标的试错，才知道这个项目到底适不适合自己，自己是否需要继续坚持，这个项目是否值得付出更多时间去推动。

只有尝试，才知道是否有机会，和什么都没做相比，这就是跨越式的进步，是节点式的成功！

总之，从起点到成功，很少有最短的直线，大多都是曲线，只要推动自己"向上"完成，就是最美的成长。愿你走过的所有弯路，都能变成最美的彩虹！

这一生无法重来，请善待每一个人

因为从事无障碍公益事业，我一年要做几十场公益演讲，去机构、企业、高校，参加各种互动活动。在这期间，我需要采集大量的无障碍设施信息，进入地铁、公园、酒店、超市、图书馆等，最重要的是，公益事业让我结识到了很多优秀的朋友，他们给我带来了许多朴素且温暖的力量。

第一位朋友，她开着"法拉利"，穿行十余个国家，满身钢钉却站在《我是演说家》的舞台上，她就是台湾女孩林欣蓓。

我认识林欣蓓是通过《我是演说家》节目，她在我眼中是那种典型台湾女生的模样，相貌甜美，热情爱笑，于是我在微博上写了近千字的私信给她，我想这位善良的姑娘，应该不会狠心拒绝我吧，很快我们便相识了，我也逐渐了解她身上曾经发生的事情。

4岁时，她被不知名病毒感染，下半身瘫痪开始坐轮椅；2008年被查出脊椎侧弯超过100度，须开刀矫正，经过8次手术，体内打进39根钛合金钉，成了名副其实的"金刚芭比"。这样的身体状况，她却不知不觉中环游了十多个国家，当解开上帝给出的难题时，她便获得了无限的美好和快乐！

当然，在我眼中，林欣蓓和大家一样，有着同样的喜怒哀乐和兴趣爱好，她参加母校的聚会，和朋友们一起去看演唱会，去探索生活，去做公益，去演讲，当然也会美美地吃美食。欣蓓曾说："我上学时，希望成为一名广播主持人，却因学校离家很远便放弃了，现在我到处演讲，虽转了个弯，却仍能像年轻时梦想的那样，用语言去鼓励别人！"

2015年11月29日《我是演说家》的舞台，对林欣蓓来说是一个很重要的赛场，她演讲的题目是《搭建一个斜坡》，这场演讲感动了在场和许许多多在电视机前的人，赢得了当场最高分！

站在舞台上，几分钟的演讲，她其实想说的就只有同理心这件事情。她不只是在为自己而讲，更是在为"轮椅族"发声，希望大家重视轮椅族的需要，而同理心就是这道斜坡，它看起来不起眼，也常被忽略，却是真实连接人与人之间的爱的桥梁。

在演讲的最后，她说道："我希望我的故事可以传达给每一个人，不管你们是不是'轮椅族'，当你们的生命遇到挫折或是困难的时候，你们都可以有一点点的力量。"

对于"轮椅族"，大多数人有心帮助，但是不知道该怎么去做，因为有些时候做不好的话，会伤害到他们的自尊。主持人鲁豫的点评让人印象深刻，很多事情不说，我们就不会知道，同理心也就无从搭建。

是的，无障碍对很多人来说，不是我们不人道，而是我们不知道，这也正是我们推动无障碍的初心。

2018年初，我和林欣蓓在台湾第一次见面，我们像许久未见的老友一样开心，我被她的热情和勇敢打动，难以想象，如果我坐在轮椅上，能否像她一样笑得如此灿烂，我也不敢去想象。平凡的我和这么优秀的她有了交集，是无障碍公益事业为我们结下了这缘分。

从2015年开始，我们就组织了近百场活动，无论严寒还是酷暑，来自各方的朋友都会积极参与。这不得不感谢司德林老师，他是我很敬重的一位老朋友，无论什么活动，他都会积极参加，拜托他的事情，他都会细心认真去做。其实司老师的年龄与我父亲一样，但他依然会称呼我为媛媛老师，在这个团体里更多的是年长者对我们年轻公益人的尊敬。

每次感谢司老师对无障碍公益的支持时，他总会用"一家人，有什么客气的"这样的话来回复我们。"一家人"让我们这些公益新人，觉得特别温暖，如果没有他的支持，我们的一场场活动就很难顺利完成。

司老师出生于普通工人家庭，患有先天性脊柱裂，10岁之前靠板凳行走，10岁后经过努力和锻炼，学会用双拐行走，走路后的第一个愿望便是上学，他认为学习文化知识才能找到生存之路。

虽说从家到学校的路程很短，但遇上刮风下雨，路就会变得特别难走，他不知要摔多少个跟头，到了学校跟泥人似的。上中学后他的身体一直不好，总是生病，后来没办法，不得不离开心爱的学校，休学在家。

由于自己身体的情况，他对残疾人事业一往情深。司老师有一个心愿，让长期重残出不了家门的朋友能从家里走出来，多接触社会，和外界建立良好的关系。2004年上半年他自愿在身故后将自己身上包括眼角膜在内的所有器官捐献出来，为他人带去希望。

2013年冬天，司老师的一位朋友在网上给他写了一封信，介绍了"中国无障碍促进网"，2014年7月19日，"中国无障碍促进网大连分站"成立5周年时，他和"中国无障碍促进网"总站站长王杰夫深入沟通，表达了想成立北京分站的想法，在他的积极推动之下，2014年7月26日"中国无障碍促进网北京分站"正式成立，他被推选为北京站站长。

成为站长后，他深知肩上的担子更重了，同时在加入"中国无障碍促进网"的大家庭后，他对帮助残疾人的事业更有信心了。

2014年8月，北京市无障碍环境建设促进中心成立，聘请他成为北京市无障碍监督员，主要的职责是督查无障碍环境建设情况，提出改进意见。

司老师常说的一段话，我非常喜欢："人生在世，只有短短几十年的时间，死亡是每个人都要面对的，当我们站在生命的尽头，回首过去的时候，我们该怎样评价自己的一生呢？"人活着就要活出精彩，活出生命的价值，活出生活的质量。对于人生的意义，他不敢说认识得有多深刻，但体会多少比别人多一些，因为身体不好，他不能上大学，不能工作，但他努力学习，珍惜时光，努力吸纳更多的知识，养活自己，不给父母添麻烦，不给国家增加困难。

司老师的前半生并没有虚度，他经历了许多磨难，这些磨难让他更加坚强，更加勇敢，让他对人生有了更多的理解和解读，在不远的未来，希望我们能为残障朋友做更多的事，这是我最大的期许，也是我们这个团队的期许。

除司老师外，还有一位北京残障圈的"冻龄少女"孔祥燕姐姐，让我最为欣赏，我总认为她才三十多岁，没想到她的儿子都已经结婚了，孔姐为人和善，笑容甜美，豁达开朗。我常常觉得，如果自己将来到了这个年龄也能和孔姐一样，就足以慰平生了。

当然，我也认识了很多"80后"伤友，他们有想法，有冲劲，有学识，用自己的力量去为这个社会贡献价值。

在从事无障碍公益事业的三年多时间里，让我印象最深刻的有两件事。

2016年10月，我们组织了第一场跨地域无障碍旅游，六天七夜三地游，一行十五人，九位残疾人，从北京出发，我们兼考察一路上无障碍环境建设的任务。

参与的伤友，很多是第一次走出北京，第一次坐火车，第一次经历真正的旅游，其中有一位朋友这样说："旅游是大多数残疾朋友的梦想，在'创益行'的策划和陪伴下，我终于实现了这个梦想，希望更多的朋友可以大胆地从家中走出来，去祖国各地转一转，看看祖国的大好河山。"

另一件事发生在2017年底，电影《七十七天》上映，电影讲述了一名高位截瘫但积极乐观的女摄影师的故事，我一看到这部电影就想推荐给更多的伤友看，就去朋友圈找资源，找过这个电影的制片方，找过宣传推广的参与方，但具体落实都很难。

但我不想放弃，任何一个机会都想去试一试，几经周折，最终我联系上了这部电影的女主演江一燕，对方愿意为我们的伤友做一场公益包场电影活动，这让我非常感动，于是策划筹备此次活动，从电视台到残障朋友，一一去落实。

后来，我又通过一位朋友，联系到这部电影的导演赵汉唐老师，我不敢冒昧地打电话过去，先试着发短信表达我的想法，一天晚上正在上课，我意外收到了赵老师打来的电话，他愿意调整时间来参加我们的活动，超预期的结果让我整个晚上都很兴奋。

活动当天一切都非常顺利，导演在电影播映完之后同前来的朋友们进行了交流，北京电视台还进行了现场采访，残障朋友们第一次到电影院看电影，都很兴奋。我看到他们脸上的笑容，组织活动期间的辛苦和劳累，好像顿时消散了。

投身公益事业之后，我一直希望更多的人参与到我的工作中来，包括我的家人，我希望他们能了解我做的事。

公益事业，让我深切地感受到总有人需要我，虽然每次活动后，残障朋友总是感谢我，但其实，我更要感谢他们，是他们的一言一行鼓舞和温暖了我，让我感受到了人与人之间的真善美。公益是爱的传递，生命的救赎，也正因为互相的需要，才让我觉得这份事业可贵、有意义！

第四章

成熟的人和谁都聊得来

‹‹‹

把握沟通的滑动门时刻

　　与老公在一起十多年了，但有时我还是摸不透他说话的套路，经常会出现沟通"追尾"的事情，这让我很是神伤。

　　比如，他问我：你几点回家？我说：今晚要加班，会晚走。他就甩来一句：我问的是啥，你听明白了吗？这语气，就是要躁动起来的节奏。

　　我赶紧回看信息，对方是想问我具体时间，可我说的是：你思考一下不就知道了吗？

　　真是一个美好的开始，结局却让人惨不忍睹。

　　还有一次，我连续几天在家赶工作，他晚上陪孩子一起玩，我做了好久的方案，总觉得思路还不清晰，觉得很烦，这时听到他对孩子说"你妈妈都不管你了，爸爸帮你洗漱"。我听完之后很生气，冲他喊：这个项目对我们今年很重要，我又不是在玩，你就不能跟孩子说点儿好听的吗？

　　老公不假思索地说道：就你这个智商，想做好这个项目，没戏，还不如多陪陪孩子呢！

真的是"没有最难听，只有更难听"。听完这话，我有种万念俱灰，多说无益的感觉。都说夫妻之间会因为很小的一件事，而伤害到彼此的感情，日积月累，就像穿着不合脚的鞋子，两个人会越走越难。

每个女性心里都有个公主梦，谁都希望遇到一位像黄晓明那样会说情话、帅气、专情，把老婆宠成公主，还多金的老公，可是，生活不是爱情剧，洗洗脸回归现实才是正确选择。

即便有再多的自以为的委屈，还是要笑着安慰自己"嗯，没关系，事情并不像你想得那么糟糕"。

后来我读到一本书《爱的博弈》，里面就讲到沟通"滑动门时刻"，说是亲密关系的两个人在沟通过程中，会存在"滑动门时刻"——一方向另一方发出信号、语言或动作，希望从对方那里得到理解和支持，如果双方都能把握好这样的时刻，就能大大地提升亲密关系的融洽度，而抓住这个时刻，就能给我们的沟通带来事半功倍的效果。

在心理学上，有一种行为叫"沟通邀请"，而在"滑动门时刻"，就是一方向另一方发出的"邀请"，如果对方错过了这个"邀请"，发出信号者就会感到自己被冷落，不受重视，进而产生一种消极情绪，逐渐发酵之后便会影响到亲密关系的质量。

看完这本书之后，我开始反思和老公沟通的一些细节，当他问我晚上几点回家时，其实是在向我发出邀请，希望看到我能去接孩子，和他一起回家。而我却说今天加班会很晚，直接打破了他想一家人温馨在一起的愿景。

第二次沟通，我连续工作几天，情绪比较烦躁，听到他对孩子"黑化"我的话，觉得他一点儿都不理解我，而现在想来，他是看到我连续几天把家当成办公室，在家也不陪孩子，不和他聊天，才会说出那样的反话，激励我改善一下。

如果当时我能识别出老公的沟通"滑动门时刻"，了解对方话语背后的意思是什么，就不会造成彼此都被刺伤的结果了。

所以在亲密关系里，我们要有意识地察觉双方沟通的"滑动门时刻"在哪里。有什么信号可以识别它？最简单的方法，就是目光注视，网上流行一句话，"确认过眼神，我遇上对的人"。这句话用在亲密关系沟通中，再合适不过了。

如果爱人之间总是对视说话，就能够传递一种比语言更深层的内容和信息，也更能帮助我们读懂对方内心的想法。

据说，亲密关系中的双方如果经常对视超过15分钟，要比那些不常看对方眼睛的人，幸福感超出70%。

除此之外，我们还可以通过爱人的抒情话语，来识别"滑动门时刻"。

现在很多亲密爱人，不会将自己的情绪、感受用语言表达出来，比如爱人说："你怎么老回家这么晚，把家都当成宾馆了！"这样只会造成彼此沟通的不畅和误会，可以在这样的话里面增加一些情感语言，我们可以这样说："最近你经常加班，回来这么晚，我觉得自己被你忽视了。"这样的表达方式就能很好地做到情感传递，对方可以清晰地了解我们的真实需要，而"滑动门时刻"也就此打开了。

亲密的人相处久了，自然而然会产生一种心有灵犀的感觉，其实这就是通过非语言暗示和抒情语言，多留心对方的心理需求，去探索属于彼此的沟通密码的结果，这将有助于我们识别沟通的"滑动门时刻"，提升沟通的和谐度。

"滑动门时刻"在亲密沟通中之所以微妙，是因为亲密关系中的双方总会认为，对方理所当然会对我们的需求做出回应，但在现实生活中，并不总是这样。

比如爱人满心欢喜地问："你觉得我换一份工作如何？给我一些建议吧。"对方这样回应你："随便，你觉得好就行。"看似这是一种很随和、"我都听你的"的回答。

但这样的话到了听者耳里，他理解的可能是：我一遇到难题你就撒手不管，好像对我的事情，你已经失去了兴趣，也没打算参与其中。如果亲密沟通中总是被这样的情绪包围，彼此继续沟通的欲望会受到影响，这为亲密关系的存续埋下隐患。

我老公也经常会说"随便"，然后就没下文了。遇到这样的回答，我一般会这样想：你这是什么态度？你到底关不关心我？其实，这都是对亲密关系很危险的解读。

后来，我也检讨了自己的想法，老公其实是个性格耿直的人，他并不是有意终结话题，也许他并没想好，或者是他不想多说话而已。

在"滑动门时刻"，为了避免终结话题，我们要学会使用开放式话术，这样的说话方式能帮助我们将沟通内容调动起来。

在这里我们可以借用管理学中的"5W1H分析法"，厘清一些基本信息：who是谁，when什么时候，where在哪里，what是什么，why为什么，how怎么样。

比如我们说"今天工作怎么样啊"就比"今天工作还顺利吧"更开放，也会让对方感觉到你对他的事情关注和感兴趣，对方也会更愿意讲出内心的想法。

在"滑动门时刻"，我们还可以多用一些同理心的共情语言，来增强彼此的内核交流。比如用"我们"就比用"你"字开头的话更有温度。例如说"至少我们还能把这件事情摊开来讨论，而不是生闷气或逃避""这件事情我们一起来想办法吧"，听到这些话后，爱人会感到对方是在意自己的，能增强双方的亲密度。

当然了，毕竟我们不是对方肚里的传感器，无法全面、准确地解读对方的心理，这时就需要用语言来邀请对方说出更多内心的声音，可以用"告诉我""还有吗"等启发式话语，心理学家研究发现，能做到同理心并尊重对方的感受，便会让爱人感觉到被理解和被接纳，亲密感和信任感也会油然而生。

在家里，面对老公，我就特别喜欢用欣赏和赞美的语言来让沟通升温，比如对他说："我今天这件事做得还不错，你要不要给我一个赞啊？"他就会因为这样的话语，感到一种被尊重的感觉，而被点赞的我也会很欢喜。有一天他对我说："我明明做好了三件事，你只给我两个赞。"我就笑着对他说："那再多送你一个，你开心就好啦！"

我们还可以在"滑动门时刻"，多说一些"催化剂"语言，比如"谢谢你""你真棒""我爱你"。当说"谢谢你"时，是肯定对方的付出，表达出了足够的尊重；"你真棒"，是用欣赏的眼光来看待对方，谁都希望在爱人眼里是优秀的；而当我们说出"我爱你"时，无论何时，我们都会有小小的心跳感觉，甜蜜感也会瞬时飙升。

这些话语只是标准模式，具体使用起来，还需要根据具体语境以及对象的性格因地制宜，找到属于彼此独一无二的催化剂语言。

除了语言之外，我们还可以配合使用肢体语言，它能起到"此处无声胜有声"的作用。心理学研究发现，对于成年人来说，牵手、亲吻、拥抱、抚摸等身体的直接接触，是增进双方亲密关系的重要途径，有时，一个拥抱传达的感情要比"一万字"更多。

生活永远都是现场直播，没有剧本，更没有套路，我们很难在很短的时间里掌握"滑动门时刻"的所有方法，罗马不是一天建成的，我们都是独立的个体，都有着独属于自己的性格特征，给自己和对方多一些时间，一点点变好，享受这个变化过程的美妙。

希望我们都能用心和智慧来给亲密关系筑起遮风挡雨的围墙，因为爱，所以沟通，因为沟通，所以更爱彼此。

亲密沟通密码：识别沟通危险区

我曾在知乎上，看到过一篇文章，说婚姻中最伤人的8句话可能比出轨还让人难以难受，它们是：你非要这么想，我也没办法；要不是为了孩子，我才不跟你过；你看看别人老公（老婆），再看看你；跟你说了你也不懂；随便了，你看着办；我的事不用你管；当初我就不该跟你结婚；你跟你爸妈一个德行！

这些话格外伤人心，两个亲密的人，身体和精神会靠得非常近，沟通就显得尤为重要。

记得有一次，我明知道老公反对，还是把一个烤箱买回家，老公看到后非常生气，冲着我说："不是说不要买吗？你又不会用，怎么总不听？"我就很委屈地说："因为我喜欢啊，不会可以慢慢学！"老公轻哼一声，扭头扔下一句话："买了也是浪费！"我一听马上就火了，大声冲他说："不就买个烤箱，至于这么说我吗？"

当时我怒气直冲头顶，真想把他拽回来好好谈谈，凭什么买个烤箱都不行？这样诋毁我，你到底爱我吗？

就在那时，以前学习过的情绪管理方法派上了用场。我深呼吸，冷静，想一想：这样吵下去，一定两败俱伤，今天就别想有好心情了，我要静一静找找解决方法。

说实在的，老公不喜欢在没有商量的情况下，我就买大件家用电器，虽说家务事不用事无巨细都在一起商量，但是夫妻之间在一些事情上还是应该有商有量，这是他看重的，而且，烤箱这个东西我确实不会用，本来自己做饭的时间就少，如果买回来放在角落灰或压箱底，就是浪费。浪费是老公最反感的事情了，所以买烤箱就像踩中了他的"小尾巴"。

第二天，我抱着烤箱来到快递店，要把它退回去，填快递单时我想着：我寄的哪是什么烤箱啊，明明就是一颗炸弹。想着想着自己就不自觉地笑了出来，随后我把快递单发给老公，以示我的"让步"，本以为是很痛苦、割爱的过程，我心里却很释然和轻松。

之后，我俩就没有再提烤箱的事情了，过了一个月，晚上我加班回家，忽然发现厨房多了一个大件，仔细一看，原来是个烤箱，惊讶、兴奋、不确定、小窃喜冲入我的心里，我跑过去问老公："怎么家里有一个烤箱啊？哪里来的？"他看着手机，头也不抬地说："你的智商税兑换的。"我一听乐了，心想：你可真"傲娇"。心里瞬间暖暖的，连忙热脸贴过去，拉着他的手说："其实我并不是非要一个烤箱，我也知道自己厨艺不精，做饭时间少，只是你那天说话的口气太伤人了，我最讨厌被人贬低能力了，下次你可以态度温和地否定我吗？"

老公说："你以为我想跟你吵啊？你做决定前，不会和我商量一下吗？"然后推开我的手说，"去学吧，这周给我烤蛋挞吃。"

就这样，我们把烤箱的问题彻底化解了，这次事件，也让我对亲密沟通有了新的思考：面对沟通中的痛苦或伤害，如果把痛苦变成解决问题的动力，亲密沟通就会越来越舒畅，如果把痛苦变成枷锁或是牢笼，便会让人越陷越深，所以"谁先痛苦谁先改变"，愿意先改变的人，就会越来越有智慧和力量。

对我们女性来说，由于天性使然，对爱有更深刻和更敏感的理解，经常会陷入"我为你做了这么多，为什么你还不领情""我牺牲了那么多，为什么你总熟视无睹"之类的沟通陷阱里。

我的婆婆是一位特别勤劳善良的传统女性，有段时间，由于腿受伤了，她出行都需要借助轮椅，为了不给我们添麻烦，她在老家休养了一段时间才回北京，回来后没几天，老公就对她说：妈，你的腿怎么还没好啊？

婆婆一听就急了："伤筋动骨一百天，得一点点来，我现在又不是不能动，还给家里做饭洗衣，你是嫌我做得少吗？"

老公慌了，连忙解释说："我是问你恢复得怎么样，如果这个医院的治疗效果不好，咱就去更好的医院看看。"

婆婆在一旁嘀咕道："我听着你就是这个意思，嫌我不能动。"

我在旁边听完他们的对话后，觉得老公是出于孝心，关心母亲的病情，但是说话的语气太硬，不够体贴和暖心，明明是关心，却被母亲认为是"怪罪"。而我的婆婆，为这个家操心半辈子，牺牲了很多，总想多做点，多承担点，却听到被儿子"嫌弃"的话，心里自然会憋屈伤心。

如果两个人就这么不解释清楚，只会给双方的关系带来紧张，还好后来，我们把这层沟通误会说透了，关系也和好如初。

我想，人与人的相处难免会有这样的情况发生，看上去是我们被对方伤害了，可实际上，是我们把自己放在了一个被伤害的位置上。在沟通中，有一个"红色"地带是沟通危险区——沟通内容投射到这里，便会大概率发生冲突、误会、暴怒、冷战等。

比如在日常生活中，女友质疑自己的男友，问他新来的女同事为什么总是给他发信息。男友觉得他和新来的女同事只是普通的同事关系而已，无须解释，这样的态度自然会让女友更觉有猫腻，双方很可能因此事而大吵一架。在家庭中，妻子为家里精心挑选囤货，老公却觉得浪费钱又占地方，质疑对方总是冲动消费，老婆一心勤俭持家，却遭到老公数落，两人的关系怎么可能不受到影响呢？

在我家，如果我和老公聊到关于"勤俭节约、消费理财、家务育儿"的话题时，他就会很敏感，容易产生"爆"点；而对于我，如果聊到"否定价值、能力贬低、信誉诋毁"的话，我就会很反感和痛心。

所以，为了降低沟通危险区的伤害，我们就要认真思考：双方沟通的偏差在哪里？沟通的内容是否投射到了对方的危险区之内？

我的一位同事告诉我，在他情绪不好的时候，他就只想玩游戏，如果这时妻子指责他不看孩子、不做家务，他就一下子变成情绪暴躁的"狮子"，对妻子发脾气，连孩子吵闹、玩耍他都听着耳根疼。

觉察对方的沟通危险区，在夫妻之间，显得尤为重要。我们可以用逆向思维方法来解决这样的困境，说白了就是从对方角度、需求去考虑问题，因为多数时候，我们做的决定都是以自己舒服、高兴为出发点的，而逆向思维却告诫我们，不要把时间和精力都用在发现和指责他人的自私和冷漠上，而要从对方的真实需求出发，这样才能洞察沟通危险区在哪里，降低沟通的误解。

在了解沟通危险区后，最关键的是找出危险区的对立面，即找出对方沟通最舒适的一面在哪里。

比如我和老公谈事情，如果我保持理性消费，多陪孩子多做家务，老公就会很温柔，在这样的时刻和他沟通，我就会轻松很多，我被肯定和得到支持的概率也会大增。如果我想让婆婆开心，就夸她做饭好吃，多听她聊家常；让孩子开心，就多聆听他的想法，陪他一起玩游戏，参与他的小世界，并邀请他协助我们大人做事情，他就会很兴奋，觉得自己是一个有能力又有价值的小朋友；对于我自己，让我开心的事情就太多了，做事不浪费时间，努力成为更好的自己，看看娱乐新闻，用心付出得到亲朋好友的肯定，这些都会让我能量值爆棚感到很开心。

在亲密沟通中，只要我们保持持续上升的意愿，无论是对待爱人还是对待亲人，在当下做事的时候，都要抬头看看周围，让自己站在更高处以更广的视角去俯视全局，主动去把握更多的沟通密码，这个过程一定是有挑战的，需要我们付出足够的努力去探索和修正，但一定会给我们的亲密关系带来巨大的收益！

那些高层次的人，和任何人都能沟通

我研究生毕业之后的第一份工作，是在一家技术型公司的全国战略中心，做北京区的业务营销人员，听起来挺高大上的工作，我却只做了三个月，原因是像我这样性格外向的人，在那里却感到十分孤独。

这家公司的北京总部，每天出入的大都是行政人员和高管团队，我属于业务体系，而做业务的人，基本都往外面跑，我所在的部门，广州、深圳、河北分部都有很多人，而北京总部，就我一人。

每周我会固定和大家一起开全国业务例会，除此之外，我都固定在自己的工位上，一天除了上厕所，很少走动。这是一个注重邮件交流的公司，我发现即便交流的人在几米之外的地方，大家还是只发邮件，很少面对面沟通，于是我也只发邮件，即便在公司里碰到对方了，也只字不提邮件的事情，人一旦思想懒惰了干什么都透着懒。

除了工作，我每天还要吃饭。我刚去的第一天，就发现中午很多同事会自己带饭，出去吃饭的基本都是那些神出鬼没的销售人员，或是行政部门那些固定圈子的人。

第一次被她们拉出去一起吃饭，找餐厅和排队就花了很长时间，对于我这样急性子和刚出校门的人来说，时间都浪费掉了，关键是她们路上还在不停地聊八卦，这些三四十岁的女人，不是说孩子的事情就是说男男女女的事情，我根本就没机会参与，也觉得特没营养，搞得自己就像一个观众似的。

于是，我决定之后自己带饭，省得出去浪费时间或被强拉出去"收听"八卦了。

这种状态，让我感觉非常煎熬，对工作也没有特别大的激情，熬到下班就回家，觉得自己不仅是新员工，更是一个坐冷板凳的员工。

当然，我也需要说明，这家公司的运营还是很优秀的，销售和技术是他们的核心，只是对于刚毕业的我来说，很难在这里找到价值认同感和归属感，于是做了三个月之后，我便离职了。

之后很快，我就进入了第二家公司，原因是我去面试时，新公司里同事之间热火朝天沟通的画面，以及年轻人活力满满的样子，让我感到很兴奋。

入职后，我被分配到总部营销部门，基本上都是女生，大家年龄也都差不多，我感觉自己好像找到了组织，大家上厕所一起去，无论午饭还是晚饭都一起吃，边吃边聊，比如聊娱乐新闻、隔壁集团的业务、公司领导、新买的衣服等等，有共同话题，同事友谊就在边吃边聊中逐渐地建立起来。

自那以后，我对每天吃饭聊天就特别期待，一天的辛苦和压力，都能在这个时间段得到放松，大家还互相交换信息，让我快速了解核心人员和公司业务，虽然我们营销工作加班是常态，但我一点儿都不觉得累，每天打着鸡血似的来上班。

现在想来，这两份工作，对于我的职场社交，有很多可以思考和复盘的地方。

第一份工作，我自己带饭，其实让我失去了和同事一起沟通的机会，即便我刚开始没有话可讲，但慢慢地也会从大家的八卦中了解不同人的家庭情况、工作风格、公司情况等，这些对于我日后开展工作会带来方便，而且一回生二回熟，人情也就慢慢建立起来。

当时的我却因为看重工作效率，很少去茶水间，错失了不少与同事寒暄、混脸熟的机会。

而最重要的是，在第一家公司，我对八卦很有偏见，觉得八卦没什么营养；而进入第二家公司，中午和晚上同大家一起吃饭一起聊八卦，成了我每天都很期待的事，这让我快速了解了同事，同时躲过了许多作为新人会踩到的坑，更增强了同事之间的联系。

为什么八卦在这里会起到很好的社交推动作用呢？

就在前段时间，我在一本书中找到了答案，那本书是著名进化心理学家罗宾·邓巴写的《梳毛、八卦及语言的进化》。

邓巴在书中提到一个重要观点：人类的八卦和动物的梳毛、捉虱子一样，都是一种关键的社交，因为八卦交流速度快，信息量大，形式上还可以一对多，具有天然社交属性，同时没有任何的门槛，能使人们快速达到结盟的目的。

但我刚毕业那会儿，对八卦有很大误解，觉得它没营养，觉得那就是说闲话，嚼舌根的代名词，后来我看到一组研究数据：在所有的八卦中，只有3%~4%的内容是真正有恶意的。

经过多年的职场打磨，我觉得，要想让自己快速融入新公司环境，八卦是一个很好的辅助工具，而聊八卦也是有学问的，它也有自己的高光时刻。

我曾实习的一家公司，公司规定九点上班，前台同事璐璐每天都提前半小时到，她利用这段时间和公司的同事们聊天，无论是聊娱乐事件、时事新闻还是聊财经段子，她都能接话，简直就是百事通和今日头条。虽然璐璐是基层员工，但人缘特别好，连续几年被评为公司最受欢迎员工。

现在想来，璐璐每天早到公司，就是为了创造和同事八卦的时间，这样既不影响工作，又能促进同事关系，别人遇到麻烦事儿时会第一时间想到璐璐，这样她便得到了身边人的长久信任和支持。

但对于弹性工作或距离较远的人来说，早到公司会很难，那午餐时间就是难得的八卦时间。就像我进入第二家公司，利用中午聚餐时间和不同的同事有了更多的交集，这也帮我缓解了新入职的不适，促进了之后业务工作的开展。

晚上下班后，人们会卸下工作压力，心情也会随之放松下来，这个时间段也是八卦的高产期，我们可以和同事结伴回家，在地铁里或车里聊天，彼此间的亲密度也会慢慢地提升。

茶水间、洗手间也是产生八卦的高产地。

有句话说，工作永远做不完。困了累了，就去茶水间喝点东西，总会遇到一些同事，简单地聊几句，增加彼此的熟悉度。

还有，对于女性来说，有一个最大的特点，那就是特别喜欢邀约闺密一起上洗手间，这是男生完全无法理解的，其实这体现了社交结盟，能大大提升女性之间的亲密度。

在职场中，要把握八卦的时间，同时在聊的时候，要特别注意方式和方法。

我就见过这样一位职场女性，自身资历非常高，无论别人在谈什么，她都能转到自己孩子的话题上，夸奖孩子成绩优异、学习能力强，刚开始大家觉得新鲜也感觉有道理，愿意认真听，慢慢听多了，大家兴趣也就降低了，觉得她总是在炫耀自己孩子似的，后来大家一看到她要参与聊天，就匆匆收尾散场了。

要知道女性，天生就爱谈论自己，但几个女性在一起聊天，并不希望有人一直说自己，而这位姐姐，就触及了别人的边界，永远将聚光灯抓在自己手上，过度以自我为中心，就会让他人反感。

后来我们聊得不错的几个职场姐妹，每个人都会往八卦池中贡献素材，没有一个人会一直做听众，也没有一个人永远是布道者，而愿意拿出自己的信息来分享和交换，就是拿出了社交诚意。

特别是女性之间有了秘密，彼此的亲密度就会大大提升，这就像是说：我们已经是自己人了。一个联盟的姐妹，就连看对方的眼神也会不同。

当然，在职场这么多年，我也见过一些人，三五成群聚在一起，用压抑的音调、极快的语速说着一些尖酸刻薄的词，描述不为人知的事，甚至会夸张、扭曲、传播一些流言蜚语，至于信息来源并无考证，这就是八卦的大忌。

我们可以换位思考一下，如果有一天，自己也成了别人口中的"某人"，大家看自己的眼神也变得复杂，这种感觉一定非常糟糕。

虽然这些聊负面八卦的人，看起来好像有了秘密，亲密感也增强了，但其本质和"塑料姐妹花"没有多大差别，她们是无法得到真正社交友情的，一弹即破。

八卦推动了我们的社交革命，从八卦之交到职场密友，再到闺密之情，本身就是一个不断筛选、过滤和优化的社交之旅。

通过八卦，我们还能达到有效的自我评估和完善。因为积极的八卦，可以激励我们向他人学习，探索更好的自己；而消极的八卦也可以帮助我们反思和警醒，防止错误以及防止重蹈覆辙。所以说"世事洞明皆学问，人情练达即文章"，用好八卦，也能为我们的职场社交加分。

及时回复是一种人际修养

及时回复在人际沟通中，是一件很重要的事情，却总是被人忽略。

有次我和丹丹聊天，说到大家都认识的一位朋友，丹丹说："为什么我现在不常和她联系？之前我介绍她认识余总，推荐她的项目，但是她联系上之后，听说项目合作了，到现在半年多没回我一句，我觉得这人挺不靠谱的。"

我听完后，唏嘘不已，一个小小的及时回复，使这位朋友在朋友圈被隔离了。

之前参加一个新产品展销会，四天活动结束，完美收官，我看到活动负责人欧阳老师在编辑信息，就笑着对他说："是在给你们领导汇报业绩吧？"欧阳老师抬头看我，很认真地说："没有，是给介绍我来这里做活动的老板回复活动情况，特别感谢对方给我介绍客户。"

我听完心里有很大触动，这位老师回复的第一人，竟是帮助他的人，而不是给他发工资的人。心怀感恩之心，是人际修养的最好体现，想必这位朋友看到他如此认真回复，也会继续介绍客户给他，而及时回复就带来了商机的良性循环。

记得去年有一节课上，老师跟我们说，这几年学生做毕业论文，他义务帮助了很多，有一位学生让他印象很深刻。这位学生的导师太忙，没时间指导学生，学生就找到他，老师也很热心帮忙，后来费了很大的功夫，这位学生的论文终于通过了，但是老师没有收到这位学生任何的消息，还是老师主动问，他才回复说通过了，也没太多感谢的话，这让老师觉得很不舒服。这学生做事有欠成熟，老师本来还想给他推荐一份工作，也就闭口不提了。

一个漏掉的及时回复，就丢掉了一个潜在工作机会，真是得不偿失。

上MBA时，我的导师奉老师是我最感恩的贵人，我们的沟通不只在学习上，还包括家庭和工作上的一些事情，我是主动型人，会向奉老师不断汇报自己的最新动态，也经常找机会和老师见面沟通，遇到疑难困惑，我也会第一时间想到老师。老师给我推荐朋友或给我指导，事后我都会及时回复他，这些互动和及时反馈，让我和老师之间的关系越来越紧密。

当然不仅是我和老师之间，读MBA的时候，我认识了很多不同领域的同学，一些事情也会借助同学的力量去推动一下。

前几天我就问一位学生会主席：同学中有没有做食品的朋友？我家亲戚想做这个项目。主席很快回复我，帮我推荐了一位同学，我谢了之后就去沟通，约了时间见面，双方见面后聊得不错，我就把情况立即反馈给主席，谢谢他的介绍。

包括我做的女性成长内容，身边很多朋友会给我提建议，推荐一本书、优秀的作者或是公众号，给我参考学习，我都会去看，不管有用没用，我都会及时回复，这样朋友也会觉得自己的想法受到尊重，之后再遇到什么有价值的信息，还会及时想到我。

"人脉"这个东西就是通过你来我往，细节沟通经营起来的。

在我写作的过程中，及时回复更像是一块试金石，帮我加深了对身边朋友的了解，我会不时问朋友一些问题，比如对这篇文章的看法，主题是否有吸引力，内容是否走心；或者提出的观点，希望得到大家的反馈，每个人的回复都会不同。

有些人会立即回复我，让我很感恩受到了如此的尊重；有些人即便当时没回复，也会在第二天详细地告诉我他的想法，我也能理解对方，职场之中的人有谁不忙？很多人都无法做到第一时间回复。"及时"是在一个时间区间内的回复，而不是"秒回"；也有人会告诉我：媛媛不好意思，我现在很忙，晚点回复你。也许这句话在一些人口中是托词或借口，但在很晚的时候，对方真的回复了很详细的想法。

这些都让我很感动，如果有人际情感账户，他们的"人情"我都会存储到这个账户中去，并牢牢记在心里。

当然也有人，见面时聊得还不错，但在发信息时会忽略或迟几天才回一句话，尤其是我发的不是群发信息，是真心想寻求帮助的信息，也没得到及时回复。当看到对方在别的群里特别活跃回复信息时，我就想，可能是人家对我的问题不感兴趣，或者是对方不看重我这个朋友吧，距离就这样产生了，再之后，我就很少给对方发信息了。

我的一位前同事，很久未联系了，忽然问我读MBA的事情，看到人家来问我，就很认真地回复她，打了很多字方便她了解。她很感谢我，于是有次我征询大家建议，问哪个主题更好时，就小范围将选项发给了她，心想人情都是相互的，也请你帮帮忙，但是她一直没回复，过了几天，忽然她发来信息问我：备考数学要注意哪些？我看到后，并没及时回复她，先做完手边工作，临睡前告诉她我用了谁的教材，听了谁的课程，但都是点到为止。

我真的很难做到不去回复一条寻求帮助的信息，视而不见会觉得心里有个疙瘩一样过不去，但是回复内容的深度和广度，是我可以把控的。

　　在工作中，曾经有这样一位下属，我大多在晚上发邮件或QQ（腾讯即时通信软件）告诉他第二天要做的事情，一般他不会及时回复，这没关系，毕竟时间很晚了。到了第二天，他也很少回复我信息，这让我觉得有些奇怪，是他没看到还是工作中有什么困难？于是我再问一遍，他才说事情已经做完了，或是这个任务很困难，没办法执行，就搁置了。遇到这种情况，我就有点儿恼火，以后给他交代事，都得多问几遍，既费精力，还让我觉得他不是一个能放心办事的人，以后也不想麻烦他做事，后来我离职时，推荐主管职位，没有把他考虑在内。

　　当我们获得帮助时，及时回复对方是一种基本的礼貌。当亲人问我们的近况，及时回复，是对关心我们的人的重视，因此及时回复他人信息在一定的程度上体现了我们对他人的尊重。

　　时下有一件普遍发生的事情，值得我们去思考：大家报名参加免费活动时会非常积极，但实际出勤率很低，因为免费活动基本没门槛，大家都有"占便宜"或"从众心理"动动手指就报名了，但真需要参与时，大家就会计算自己的时间成本。当然，真的遇到有事情来不了的情况也能理解，但活动都开始了，才告诉主办方自己来不了，或者场地都按报名人员布置好了，主办方问了，才回复说"不好意思今天有事去不了"，这些其实是不尊重对方劳动成果的表现，下次再有什么活动，对方还会邀请你吗？尤其是你如果想和这个圈子建立联系，就缺少了出示名片的机会。

最近几年做无障碍公益项目，让我感触最深的便是，回复一句"平安到家"有多重要。

每次带着残障朋友一起去参与公益活动，活动结束后，就发现群里大家都会自动自发地到家报平安，说一句"感谢老师，我已顺利到家"这样的话。

看到这些话，作为活动组织者的我们，也很放心，残障朋友外出活动，本身就有很多不便，他们这样顾及对方感受，体谅到大家的担心真的很有心，同时这样的及时回复，也表达了对我们辛苦付出的尊重，让我们更有动力继续做好无障碍公益项目。

最后，我想把之前遇到的一个及时回复的优秀案例分享出来，这值得我们共同学习。

之前我陪同徐总和运营经理周姐去市里谈事情，周姐是连接资源方和需求方的桥梁，当天大家顺利聊完后，就建了一个群，周姐就在群里回复大家。

首先，她"艾特"了对方的大BOSS（老板），介绍群里我方的大BOSS，并说明今天我方BOSS由于有事，没能到达现场，感谢对方今天的款待。我方BOSS就顺势开口说：抱歉今天确实有事耽误了，下次您来我这里，我请大家吃饭。

这里周姐的回复，表达了三层意思：第一，为群里两边还未见面的BOSS做了介绍；第二，感谢对方的款待；第三，我方BOSS也有了台阶，在"舒服"的环境中表达了基本的社交礼仪。

之后，她又"艾特"了对方中午招待我们的负责人，感谢他提供的丰盛午餐。

这个回复不仅表达了感谢，也让对方大BOSS看到我们团队的人员做事非常妥帖，当面给这位负责人点赞加分。

最后，对于今天的沟通，大家所提到的需求问题，周姐再次回复说：我会尽早把项目文件提交给对方，共同推动项目进展。

这里她的回复，就落到了项目上，把任务设定清晰，职责更分明，表达了我方对这次合作的态度，同时双方BOSS对项目更了解更放心。这样回复信息的周姐给大家留下了"靠谱""得体"的职场形象。

记得我买的第一本经管课外书是《细节决定成败》，而及时回复这件小事，就是做人做事的细节，"做"和"不做"是0到1的差距，而"做得好"和"不做"就是"10万＋"和0的差别，所以，及时回复是一种好习惯，更是一种人际修养，这也是我们建立个人品牌的一个小细节。在这里我提醒大家，不要因为一个小小的不及时回复，在不经意间丢掉了自己的信誉名片！

你提问的方式，影响你的一生

前段时间参加刘老师的赋能课，刘老师布置了一个任务：请大家对"如何激发团队活力"写出自己的疑问，然后将问题放在桌上，每个人为其他人的问题写上建议。大家的问题有：对于经常要"打鸡血"才能前进的人，如何让他们不断创新和努力？公司销售团队有明星队员，如何让他去培养更多的明星队员？怎么让员工更高效工作，让他们觉得工作是一件愉快的事？

这个环节引发了我很多思考，我就发现这些问题本身就带着"问题"，背后透露着出题人的视角，带着既定思维的局限，在寻找正确答案的过程中，却不知道如果问题本身就带着错误，这样的"正确"答案又如何能带来效能提升呢？

我在练习写作的过程中，就遇到过一位"魔鬼"教练，为什么说他是"魔鬼"？因为他和我以前认识的老师大有不同，会赤裸裸地指出我写作的瑕疵，否定内容价值也毫不含糊，让我不禁怀疑自己：为什么要和他合作？为什么不挑选轻松的能力去学习呢？为什么他总是批判多于鼓励？

但当我冷静下来后，把问题转换为"这件事我坚持的理由是什么""从教练这里，我学习到了什么""写作这项能力，我有了哪些提升"，我就发现自己看待写作和教练的心态也发生了变化。

第一类问题，大都是消极的，很容易让人往负面的方向联想，而且更偏重情绪发泄，答案只会是"我看人眼光不好""我能力不行""我很糟糕"，这些答案都没有一点实质性的帮助。

第二类问题，正向积极一些，会启发我思考能从这件"不愉快"的事情里学习到什么，聚焦在自我提升上，所以问题的背后，透露出提问者的心态，而好的问题，能更好引导我们去反思和成长。

想想第一次考研失败的时候，如果我问自己的是"为什么我辛苦一年，花费了这么大精力，还是没成功，是不是自己很没用"，我会特别沮丧，说不定也会对未来没了信心，而当时我问自己的问题是"要如何备考，才能让自己第二次考研顺利通过"，在这样的问题下，我很快就从第一次考研失败情绪中走了出来，全力以赴进入了第二次备考。

2015年，我正式进入了三十而立的年龄，也正式开始了创业。如果我问自己，这个公司要多久才能像其他创业公司那样，让我财富自由，我可能就会日日焦虑问题的答案。而我的问题是：我的能力能匹配新的发展平台吗？我需要如何学习才能给自己充电？

给自己提出的问题不同，思考的角度和寻找的方法也会不同。

再回到我的"魔鬼"教练身上，他有一个特别优秀的提问方式，直到现在，我都很钦佩。他告诉我，他自己最开始写作的时候，会拿自己写的稿子给身边人看，向他们提的问题是：我感觉这篇稿子写得很烂，你快来帮我看看哪里写得不好。

这位教练是公司的一把手，当他让别人提建议时，免不了大家会给他面子，但是他会使用批判思维，对自己的稿子先提出质疑，这就给对方"挑毛病"搭建了坡道，拉近了和下属的距离，也显示了他做事的格局。

当我去寻求大家建议时，一般会说："亲爱的，帮我看看这篇文章如何。"或者直接发过去文字，再附上一句"给我提提建议"。

这样的问题，其实带着很强的自我保护心理，总会因为面子、自尊，不敢让对方说出自己的不足，导致提问人很难听到真正的建议。

自我反思之后，我便向这位教练学习这种批判性的提问方式，再遇到需要请教的问题时，我会问身边朋友：亲爱的，帮我看看这篇文章，这个主题有吸引力吗？故事能打动你吗？我总觉得缺了点什么，能帮我提提建议吗？虽然我还是无法做到教练那样高段位批判性提问，但让问题更直接更具象化后，得到的反馈也更真实更容易落地。

《批判性思维工具》一书中就曾提到，一个不善于提问的人，是不会成为优秀的批判性思维者的，真正能推动思维发展的是问题。

很久之前，我学习正面管教和咨询课程，当学员提出一个看似无法解决的问题时，老师总会问：你觉得是什么原因？你想过自己的问题吗？为什么你会有这样的想法？一系列的问题值得我们去反思，启发我们深度思考，就像剥笋一样，让我们跳出原有的思维，遇见被忽略的"真相"。

正如苏格拉底说的那样，"不经反思的人生，是不值得过的"。提问的过程，本身就是思考的过程。

前段时间，一位许久未见的朋友过来找我聊天，数落自己老公的各种问题，我能感觉到她有点儿绝望，我就问朋友：你能说说老公身上有哪些优点吗？她马上就说：没有优点！她这样的回答完全是带着情绪的。于是我追问她：你平时在家自己做饭吗？老公回来后你是什么反应？他喜欢吃你做的菜吗？朋友犹豫了一下说：没说喜欢，就是每次做饭，他都会吃。我接着问她：他有说过"今天的饭太难吃了"这样的话吗？朋友说：这倒是没有，我做什么他都吃。

我高兴地对朋友说：你看，你老公身上有这么大的优点，你怎么就没有发现呢？男人大多不像我们女性爱表达自己的情绪，他没有批评或拒绝，就是赞许您做的饭好吃，这就是他对您劳动成果的肯定，说明他很喜欢你做的饭。

朋友听完，愣了一会儿，问我：真的是优点？不过他确实很少在外面吃，除非应酬，其他的时候基本都是在家吃饭，多晚回来，都让我给他热饭，哪怕煮包面都行。

我拉着朋友的手说："是的，这就是他的优点，他喜欢回家吃你做的饭！"说完我补充道，"这就是他爱这个家的表现！"

朋友听完之后，陷入了沉思之中。

很多人浑浑噩噩地过日子，总会陷入一些既定思维里无法自拔，不是缺少新鲜感或是幸福感，就是缺少一些让自己反思和启发的问题，这些"好"问题，能帮助我们点醒大脑，从惯性思维中清醒过来，看到生活美好的一面。

我做军嫂的最初七年里，有太多次问自己：凭什么我要忍受一个大男子主义的军人？时间不自由，他还对我要求那么多？他这样的倔脾气，自己就不能先改改吗？回家还不做家务，为这个家他做了些什么？

如果我把这样的问题直接甩给老公，我想家庭关系一定会如履薄冰，而从对方角度考虑，这个家需要我们共同经营，我可以为它的幸福做哪些努力？老公情绪不好，是否背后有什么工作压力？他加班回家后，我做哪些事才可以让他舒心高兴？

有了这样的问题，我对老公的一些表现就会更加理解和接纳，更加用心去守护这个家。

同样，在亲子关系上，对待孩子写作业，我们作为家长经常会说：这"熊孩子"该怎么管教呢？为啥我教了这么多，他就是学不会呢？转换思维后，换个问题问自己：孩子为什么学不进去？我有什么方法能帮助他？我自己有没有问题，我可以先改变什么帮助孩子？我可以理解孩子的坏脾气和逆反心理吗？

这些提问的方式和内容，就代表了提问者内心的愿望和态度，而正确的提问，就是从自身的诉求出发，换成从对方的诉求出发，将自己的利益出发点转换到从对方的利益为出发点。

带着"问题"的问题，就像我们用显微镜看世界，看到的是聚焦视野下的一点，但是，用全景镜头来看待这个世界，就会获得更宽广的视野和认知。

那到底如何才能问出一个"好"问题呢？日本企业培训师粟津恭一郎在《学会提问》一书中，总结了一个5W1H与3V组合的提问法，这种方法简单易学，适合我们每个人。

5W1H代表的是：Who（谁），When（什么时候），Where（在哪里），What（做什么），Why（为什么），How（怎样）。而3V指的是：Vision，愿景，指的是一个人希望能达到的状态，真正渴望得到的东西；Value，价值，指的是一个人在判断事物时所重视的价值；Vocabulary，常用语，指的是一个人在平时的对话中的常用词语。例如，如果你是一个希望孩子好好学习的妈妈，可以问自己这样的问题：我如何做，才能让孩子激发学习兴趣？我要怎样做，才能帮助孩子渡过这个学习难关？而在亲密关系中，可以这样问自己：我要如何做，才能让我的家更加幸福？我做哪些事，才能让我们的亲密关系更加和谐？

"好"的问题能创造出更有价值的导向，激发我们去剖析自我、深入思考。人生从来不是判断题，也不是有正确答案的选择题，而是一道开放式的主观题，需要我们积极思考，设计一套引导我们不断向上成长的试卷，指引我们前进。

何必伤感，朋友圈就是会更新迭代

不知道你有没有发现，年纪越大，朋友越少？是的，的确是这样。我们要知道，志同道合的朋友不需要太多。

自从上了大学，我就不太适应回家的感觉，一方面是回到家里没有事情做；另一方面是没有什么朋友可以交流。

让我印象深刻的是，家乡附近有一位姐妹，小时候我们总是一起玩，跳皮筋扔沙包什么的，小时候的我们曾说过要做一辈子的好朋友，可没想到一辈子的尽头，就是小学毕业，之后大家各自忙于学习，鲜有联系。

上大学之后，听说她去寄宿学校复读高三了，再然后，听到母亲说，她有一天和邻居大吵，大家都说她好像被什么事刺激了，周边的人胡乱猜测的很多。

听到这些，我久久没有回过神来，不想听，也不想知道。

我给自己找理由：她那么做，也许是学习压力太大，或是听到什么风言风语了，再或者是独属于青春期的叛逆，她心理敏感需要人多理解和关心，但所有这些，只是我的妄加猜测，因为我不再是她朋友圈的人。

妹妹结婚的时候，我回家乡和母亲一起去逛超市，母亲突然拉着我说：你看，前面那个人是你同学。我当时下意识地不敢抬头，眼神开始恍惚，故意往旁边看，但之后又慢慢地朝她看去，那是她的背影，和记忆中小时候她的身影一样瘦瘦高高的，走路很快，几秒钟就消失在我的视线里，我呆呆地转过身离开了。

我是一个较为敏感的人，不忍心看到伤心离别的场景，我俩都快二十年没有交流了，我总希望曾经一起玩的伙伴都能好好的。

现在，在家乡的朋友中我唯一还一直联系的，就是我的邻居也是我发小，一个从小就很乖的男生，他非常孝顺父母，做事也很得体，虽然不是学霸，但也顺利考学毕业，现在是一位优秀的初中老师，所在的学校还是我们那里的重点初中，而且家庭和睦，孩子懂事。如果我在家乡发展，估计也会羡慕他这种岁月静好的生活。

虽然，我俩从高中之后不在一所学校，交流也变少了，但在朋友圈会互相关注点赞，回家见面后还会聊几句，还像小时候那样很亲密，上次他还对我说，他的一个学生考到了北京，让我多照顾，我立马答应。我们之间，发小情谊犹在，重要的是，我想我们都一直没变，我还是那个热情爱说爱笑的小媛，他还是那个好脾气的宝钢。

自大学毕业到现在十多年，我的朋友也像抽屉一样，有进，有出，尤其是最近这几年，我结识了很多优秀的朋友，对朋友的概念也更加清晰。有些人，从相见恨晚，到后来渐行渐远，再到最后成为"点赞之交"，不过对这些我都很释然，总有人喜欢你，就像总有人不适合你一样。

让我最敬佩的是老公的那些朋友，他们都是战友，交情特别深，近十年吃睡工作在一起，无论到了哪里，找到战友，就像找到了亲人。

于我来说，一直都在职场中，身边同事换了一茬又一茬，以前我会觉得很伤感，为什么离职后，同事关系也会被顺势"辞退"了呢？现在想来，同事之间的关系没有那种同学之间日久生情的时间基础，同事大多是因为工作的关系而短暂地在一起，当工作这条维护关系的纽带断裂后，感情就会随之减弱，这也是很正常的规律。

上大学时，让我印象深刻的有两位同学，一个是眼睛很大笑起来特别甜，连女生都会觉得很漂亮的静姑娘，另一个是长相一般，个子不高还有点儿"土"的蓝姑娘。

静姑娘长得好看，但是脾气有点儿烈，高兴时，对你微笑，打打闹闹也很亲，不高兴时，摆着一张臭脸，让人捉摸不透，有时遇见她，我都不知道该热情地上去打招呼还是默默地躲在一边，说话时还要注意自己的言语态度，生怕一句话不合适，对方就甩脸走人，感觉和她相处像走钢丝，胆战心惊。

蓝姑娘，无论是在食堂、校园还是在教室碰到，她打招呼都会很亲切，直接"熊抱"都可以，哪怕说句"你今天怎么又丑了"都没关系，如果找她辅导功课，她也会"吐槽"自己：我上课也没听懂，回去看完书再告诉你。和她相处起来特别轻松也很舒服，一点儿压力都感觉不到。

如今，静姑娘早已没了联系，而蓝姑娘，是我为数不多还有联系的大学同学之一。有时她告诉我：你太瘦了，有点儿肉才好看，别老那么辛苦，你太拼了，已经很优秀了。而她也和很多同学保持着联系，每次都能从她那里听到其他同学的消息，我想，是因为她给人的感觉很舒服，别人也愿意和她多交流吧。

回看我的这些同学，从小学、初中、高中、大学、研究生到MBA，每个阶段我都在不同的学校学习，每个阶段我都会遇到要好的朋友，但好朋友的留存率呈倒三角，有时我会反思是不是自己太冷漠，不懂如何维持长久的关系。现在想来，成年人的世界里，合适比什么都重要，需要费劲经营的关系都是错的关系，喜欢不再是衡量一段关系是否值得的唯一标准，"三观"、为人处事的态度，都会变成条条框框来左右我们对朋友的选择，在一起的时候是真朋友，真感情，分开了，也没什么好遗憾的。人生，到处都是朋友，能有几位知心好友，便足够了。

幸运的是，我有几位无论发生什么事都可以向对方唠叨几句的闺密，也有事业上的合作伙伴，共同探讨成长和事业发展，但无论哪种，好朋友都不能过度消耗，因为，友谊永远都是一种互相的给予和情意。

刘若英说：相处不累，才能久处不厌。舒服，是朋友之间相处的高级标准，我想，这也是亲密关系的高级标准吧。

我曾笑说，我和自己的老公，一个可以在床的这头看《乡村爱情》，一个可以在床的另一头看《来自星星的你》；一个可以早上呼呼大睡，一个可以每天是"早起的鸟儿有虫吃"。无论多大的反差，舒服的感觉都会遍布在我们相处的空气中。

最近两年，因为读MBA，我结识了很多新朋友，让我印象最深刻的，是和我都是天蝎座的启帆同学，当然这里也要感谢我们共同的朋友、慧眼识珠的安欣，是她让我们这样的同类人走到了一起。

启帆是我心中最知性、漂亮的"女神"，性格极为爽朗，如果在古代，她一定是位行侠仗义的大侠女。我开始写作之后，她给了我很大的力量。我的沮丧，我的兴奋，我的不自信，我的骄傲，我的笃定，我的死磕硬扛，我的自知之明，都分享给了她。而当我需要建议时，她都会帮我客观地分析，还会时不时地转发给我一些资料，他是很有心的朋友。

我这么努力，就是希望让爱我的朋友们看到：你们相信的没错。我希望用一点点的成绩来回报他们对我的帮助。

如果你发现自己好久没认识新朋友了，就应该好好反思反思。对处于奋斗期的我来说，这两年通过不同的渠道和平台认识了许多的朋友，因为我相信，只要对世界保持好奇心并且长期积累下去，就会形成最有价值的关系网，也能在这个纷繁复杂的世界获得独立和自由！

第五章

不要把最近的距离，变成最远的爱

⌇⌇

裹挟的爱是羁绊，放手的爱是成全

在正面管教的课程里，有一个核心理念是"坚定而和善"，而在我家，就出现了两个"对立"的派系：以我为代表的和善派和以老公为代表的坚定派。

和善的我，希望用素质教育和民主风格，对孩子放手，崇尚一种精神层面的支持和引导。而老公，由于职业经历和成长习惯，会表现得坚定强硬一些，认为对的事情，孩子就要遵守，善于"命令执行"式的管教风格。

我的这种岁月静好、放手的管理，经常被老公认为是宠溺孩子，过度给予，他认为我这样做会让孩子变得没有规矩、不懂事理，严重到会"害"了孩子。

但在我看来，老公这样的过度坚定，即便孩子当时迫于家长权威听话执行了，他也并不懂得为何要这样做，孩子的内心是因为惧怕惩罚，才会顺从他的想法，这就是用强权夺取了孩子的自由，我极为反感这样的教育理念。

记得有一次，孩子被老公打屁股后，竟然冲着他说："很舒服！"孩子这话的潜台词是"你制伏不了我"。

老公听孩子这样说，更加愤怒了，孩子这是在挑战他作为父亲的权威，就想动用更大的武力来证明自己的权威。

事后，我问孩子：爸爸打你，你心里怎么想？孩子说：我长大后要打爸爸！我吓坏了，对他说：爸爸打你，你知道自己错了吗？他不服气地说：我没错！

这种被强势包裹的爱，让孩子和爸爸之间的关系变得对立，而这样的事情不仅发生在我家里，我身边像老公这样严厉的家长，并不在少数。当孩子写作业不专心、拖延、吃饭不听话，父母就会说：你再动一下，我可就揍你了；你再不收拾玩具，我就把它们都扔了！这是家长想通过吓唬一下、揍一顿，让孩子听话，彰显自己的权威。但是，这对孩子来说，其实是很糟糕的方式。因为，强迫孩子过有条不紊的生活，会让孩子感受不到自己的价值和自由，甚至孩子会怀疑自己：我还是个有用的人吗？

后来，当孩子写作业时问我"妈妈，你为什么不看着我写"，我知道，这是因为孩子被爸爸养成了身边有人看着写作业的习惯，比如爸爸矫正他的坐姿，写字的笔画，学习的态度等。这样严格的看管，有时弄得家里鸡飞狗跳的，但老公认为，这就是父母应该做的事。可我觉得，这样像监工一样在孩子旁边看着他写作业，孩子是被束缚的，我不想孩子产生依赖心理，不想他只有在旁边有家长看着才能完成作业，于是我告诉孩子：写作业是你自己的事情，需要你自己来完成，妈妈会在你旁边，有需要时你再告诉我。

我自认为的这种开放、自由的管教风格，却被老公强烈抨击。因为我们身处一种管教方式中时是很难察觉有什么不对的，只有出现冲突，才会启发我们去思考和反省。

于是我想，孩子刚开始学习写字，肯定会出现笔画不对的情况，如果我放手不管，错了不更正，孩子就会养成坏习惯很难改变；孩子写作业时磨蹭乱动，如果不去纠正，他的专注力就会降低，以后学习的效果就会受到影响。如此一来，我的放手式管教，就会给孩子成长带来很大的阻力。

如果老公和我一样过度放手，是不是孩子以后会变成一个没有规矩，他说什么就是什么的"坏孩子"？如果我和老公的管教风格一样，强势严厉，是不是孩子将来无法自如地表达自己的情绪和想法？在压制下成长，他会不会找不到自己的价值？

每一种过度的管教，都会使孩子养成不良的习惯，而在我家，正因为我们有两种不同的管教风格，就像有了竞争对手，我们才能看清自己，看到不同管教风格的优势与不足。这样我们知道了，裹挟的爱，可以是强势的严厉的，也可以是无限制地给予；放手的爱，可以是权威压制的也可以是自律的。

记得之前看到过这样一篇文章：一位妈妈，中午冒着雨去儿子单位送伞，儿子非但没说谢谢，反而很生气地对妈妈说：谁让你来的？！

很多人看到这里，和我的第一反应一样：这孩子怎么这么不懂事！但生活中，很多子女和父母的冲突就是这样产生的。从妈妈的角度来看，她觉得自己是个肯为孩子付出的母亲，再苦再累，都是母亲的天性。而从儿子的角度看，他觉得自己都二十多岁的人了，下雨天难道还不知道打伞吗？还要母亲冒雨来送伞吗？

儿子感受到的，不是母爱多么伟大，更多的是一种内疚和羞耻，觉得原来自己在妈妈心中还是个没长大的孩子，但母亲并不知道孩子的感受，妈妈还享受在给予孩子的爱中。

我们父辈对孩子，就很容易陷入这种裹挟的爱中。孩子成年后，父母还过度操心，要求孩子必须几点回家；父母认为外面开车太危险，就过度担心焦虑。这些初心本没错，但是这样过度的爱，会给孩子带来成长的羁绊。

因此，有这样一句话：这个世界上，无数的感情追求"在一起"，但它天然的属性是为了"分别"，这就是父母对孩子的爱。

身为父母，我们更应像葡萄架子一样，在孩子成长时，去支撑他们，同时给予边界，适度引导和裁剪，而不是限制他们成长。

在我和孩子身上，曾经发生了这样一件事：一个周末，我答应孩子晚上可以看一集《海底小纵队》，孩子看了一集后，还想继续看，我说规定就是这样，刚才咱们说得好好的。孩子开始耍赖，吵着还要再看一集。如果是以前，我说不定就心软给他看了，但是想到这样会让孩子没有规则意识，我必须向老公学习态度坚定，于是二话没说，关掉电视，孩子就哭闹发脾气。

我将孩子抱过来说：你可以想想，今天自己都得到了什么啊，今晚和小朋友一起玩了，又看电视了，妈妈一会儿还要给你讲书呢。但孩子完全听不进去，就是要再看一集动画片。

遇到这样的情况，我不想强势"镇压"孩子，就没再说话，而他则趴在沙发上继续哭，我就拿起一本书读起来，一篇一篇的成语故事，他听着听着，就安静了下来，我又拿起另外一本书开始读。

这时他走过来对我说：妈妈，我情绪好些了，我想听这本，你给我讲。

我说：好的。你知道妈妈为什么这么做吗？

孩子说：妈妈想让我说话算话，我明天要做个好宝宝。

我说：妈妈觉得你今天就是个好宝宝，我们都是信守诺言的孩子。然后我给了他一个鼓励的拥抱。

孩子这时扭头对我说：妈妈，你这样对我，我就知道自己不对了，爸爸那样说我，我就越来越不听话。

我被这句话震撼了，一个五岁的孩子告诉我，父母不同的管教方式，他的想法和感受是什么，一方面我很高兴他能主动思考，但另一方面，我并没有因为听到孩子对我夸奖，就觉得他说得真对、他很聪明。

我需要向孩子解释：爸爸看似严厉的背后，他的爱是什么。

于是我对他说：爸爸对你严厉，批评你，可能是因为爸爸小时候也是这样成长起来的，他觉得这样管教才是对孩子的爱，我们要理解爸爸，也要让他知道，如果他再温和一点，你会更愿意接受的，好吗？

孩子似懂非懂，而我也不强求孩子一下子能听明白我的话，我只是想让他知道，无论是强势的爱还是放手的爱，初心都是对孩子的爱和负责，而作为父母的我们更应在实践中不断探索和修正自己的教育方式。

坚定而和善的亲子理念，其实就是对关系有分寸，它所体现的态度，不是像"我是家长，你是孩子"这样将角色分高低，而更像是朋友一样接纳和引导孩子，共同找到适合孩子成长的最好方式。

感情不是相处越久就会越深

　　我和老公是从大学走出来的恋人，校园恋情总是有很多美好的回忆，我们在一起已经13年了，今年是进入婚姻的第9年，按说过了刚入行的生涩期，但两个人还会偶尔磕磕绊绊，不是他嫌我没照顾好家，对孩子管教少，就是我觉得他说话太"高冷"，经常以偏概全，没有看到我的用心付出。

　　对于双职工家庭而言，两个人的沟通时间本就很少，有时好不容易多聊几句，还会争论起来，真有点言多必失的感觉。

　　老公爱说"我不想和你说话了"，他的本意是不想把问题升级，但这话对我杀伤力极大，因为这让我觉得自己好像被他当着面"拉黑"。

　　想想我们"80后"婚姻的现状，上有老，下有小，夹在中间，似乎连生气、抱怨也变得奢侈了，就这样在一念天堂、一念地狱的震荡中，我们谨慎敏感地前行。

　　那些相敬如宾、你侬我侬、爱得情真意切的夫妻，真的让人很羡慕。

后来有次读书，我看到这样一段话：亲密关系的两个人，随着相处，会逐渐产生情感耐受性，慢慢失去对彼此的兴趣，失去激情和美好感觉，而这并不是爱情的悲哀，这就是一种客观规律。

所以，时间并不能决定亲密关系的质量，感情也不是越熬越浓。这句话翻译过来就是：时间久了，两个人就会出现审美疲劳，继而变得麻木和无感，这是客观规律。

看到这些，我内心平和了许多。而我相信，每个女性，对婚姻都有着神圣且美好的向往，都希望自己的感情能跨越时间、地域、文化、生活，和谐美满且甜蜜长久。

这让我想到我父母的婚姻，他们结婚三十多年了，在我印象里，他们几乎没吵过架，我父亲最大的优点是特别爱夸我母亲，经常猝不及防地，就在我和妹妹面前"撒狗粮"。

看到母亲穿了一件新衣服，他就说，你看你妈多漂亮啊，像二十多岁小姑娘，母亲娇羞地乐个不停；更震撼的是，大家都知道身份证上的照片吧？总是拍得让人不想承认那照片上的人是自己，但父亲会拿着母亲刚换的新身份证，骄傲地说：嗯，你妈这张照片真好看！

父亲还经常在家族群里发母亲的美照，而摄影师都是他自己。

印象最深刻的是，我上大学之前，他就没在外面吃过一次饭，每次和父亲出去，即便再晚，他也要回家吃饭，因为父亲会高兴地说：你妈在家都做好饭了。

为此，我还挺不高兴的，觉得他很小气，老回家吃，有什么新意啊？

现在想来，这是因为父亲心里装着这个家，因为家里有他爱的人。

要说他俩性格很合吧，那倒不是。

母亲是急脾气，一切求快，赶早不赶晚，父亲是慢性子，有拖延症，出门都要耗半天，两个人做事风格反差很大。

在我记忆中，母亲很早就当了全职妈妈，在家相夫教子，一晃三十多年过去了，正因为有了母亲的支持，父亲才能在职业的道路上越走越远。

前段时间，母亲来北京看我，父亲把她送到车站，还拍了一段火车开动的小视频发给我，让我千万记得早早到车站去接母亲。

母亲到了北京后，两人每天都要打好几通电话，聊的都是你吃饭了吗，家里有什么事，我这边有啥新鲜事之类的家常话。

人们常说，相由心生，别看母亲已经60岁了，但在同龄人中，还是很显年轻的，就像三四十岁一样，父亲也是这样，每天都是一张笑脸。

也正因为他们两个长久相爱，才有了我现在对爱更多的理解和敬畏。

我写这些，并不是要说老公要学习"我爸爱我妈"，对我好点。俗话说，强扭的瓜不甜，何况每个人的性格都不同，要想改变别人，得从改变自己开始。

于是，当老公说我家务没做好，孩子没好好管教时，我仍然会生气和委屈，但在他出门前一刻，我还是会主动上前给他一个拥抱，并告诉他："好好上班，晚上回家咱们再说。"因为我知道，他也希望这个家更好，只是这种提醒方式还不够温和。

我们有时还会在车上因为一些琐事争执起来，但在下车时，我还是会嘱咐他：慢点开。因为开车人的心情和开车的安全有很大的关系，既然爱他，我就要以对方的安全为第一。

当老公给我和孩子做饭时，我会特别兴奋地拉着孩子对他说：谢谢爸爸（老公）。因为，我们所有人都喜欢被肯定和赞美，既然享受了对方的付出，就要大胆地表达出来，这样还能鼓励对方继续做下去。

也许有朋友会说：又不是你的错，是他不解风情，男人就该让着女人，凭什么要你先和好？为什么他不先拥抱呢？

是的，这事做起来真不容易，需要先放下姿态，迈开腿，张开嘴。

但我想说的是，如果可以，即便是假装也要先主动。

我看到过这样一则故事：一位记者采访一对婚龄超过五十年的老夫妻，问他们是如何经营婚姻的。

两位老人不约而同地说：每天睡前说晚安。

记者再问：那如果吵架了怎么办？先生说：无论吵得多严重，我们都会互道晚安，如果实在不想说，我会写在字条上或给她发短信。有时候，真的很生气，我会说服自己：没事啦，就假装一下，这是约定嘛。

夫人笑着补充说：每当这个时候，我就会感受到他还爱着我，气就消了一大半，然后悄悄地给他倒杯牛奶放在床头。

所以，即便当下自己心里还很别扭。不甘、委屈，也要勇敢地"秀"出你的爱，哪怕是假装，也要给对方和自己一种积极的暗示：这不是什么大事儿，我还爱着你。

正因为这个小小的互道晚安的约定，两个结婚超过五十年的老夫妻，持续地经营着他们的婚姻；正因为父亲对母亲点滴的赞美，在常态的沟通中互相理解对方的差异，他们的感情越熬越浓。

而婚姻，就是两个独立的人收敛锋芒给各自人生寻求一个避风港的过程，这需要双方去探索和积淀，这样家就会像一个能量源，源源不断地给你支持。如果没有了爱，家就会像是一个空壳，无法给予彼此爱的滋养；而如果两个人每天都投入一点爱，即便磕磕绊绊，爱也会因为交融而变得越来越浓烈，这也许就是婚姻持久的法则吧！

所以我认为，随着两人相处时间的增长，只不过是拉长了"在一起"的广度，但爱的深度，需要我们共同为它蓄能，这样才能让"在一起"变成好好地"在一起"。

原生家庭到底给我们带来了什么

如今有很多心理学和情感类的书，都在追溯和谈论我们的原生家庭对我们的影响，随着年龄增长，我也开始慢慢回味我的原生家庭，以及那些人和物对我性格的影响。

小时候，每逢过年，我家都会拍一张全家福，而且都是去照相馆拍，非常具有仪式感，所以直到现在，我都很喜欢拍照，很乐意记录家人的生活瞬间。从我记事起，我就觉得父亲是个乐天知命的人，做事又很认真，母亲是一个特别勤快的人，这让我长大后也特别爱笑，对工作和家庭都很认真，雷厉风行又愿意帮助别人。

父母的婚姻和谐美好，记忆中，他们从来没有针锋相对地吵过，这份尊重和爱，对我的婚姻有了正向积极的引导作用，同时，他们从小就鼓励我的一些奇奇怪怪的兴趣，不打压我的自信心，总是鼓励我，夸奖我，尤其是我爸，一直用语言和行动来支持我，这也让我懂得为爱的人多去表达自己的爱。

　　我的妹妹是一位艺术生，虽然学习成绩不如我，但她的才华和为人处世之道，要比我优秀和成熟，我们都是在大家族成长起来的，兄弟姐妹多，这也让我更懂得理解和忍让，尊重每个人的个性发展。

　　上了大学后，知识不知道增长了多少，但我回家的时间一直减少，从寒暑假回家，到一年回几次家，再到成家后一年只回几天家。爸妈说：你们在外面照顾好自己就行，家里都放心，不用折腾来回跑。而我自己也有冠冕堂皇的不回家的理由：家里环境太舒适，"饭来张口，衣来伸手"超过三天，我就会闲得发慌。

　　难得的是，这次春节，我们带着孩子初二就回了家，爸妈都特别高兴，他们的喜悦从车站接站、准备饭菜再到打扫房间的每个细节流露了出来。

　　最为可贵的是，这次回家，我有了一个重大发现：我家藏着的三个老物件，已经有三十年了，竟和我的成长有着千丝万缕的联系，特别珍贵。

　　第一个老物件是钟表，到我家时是1989年，到2019年正好三十年，现在还处于在职状态，勤勤恳恳地"敲打"着自己。

　　父亲告诉我，这块钟表，是他在商场购买的，北极星牌，在当时很有名，我爸竟然把当时购买时的发票留到了现在，细心程度让我佩服。

发票上的价格是66元。真是个吉利的数字，这钟表每半点和整点的时候会"当当当"地敲，我家的生活已经习惯了它，从小耳濡目染在这样"嘀嗒嘀嗒"的环境里，时间的刻度印记在我家生活的点点滴滴里。

长大后，我也对时间看得很重，总希望能高效管控自己的时间，不想虚度和浪费时间，而我手上，一直以来只戴了一件饰品，那就是手表，因为我想清楚知道时间都去哪儿了，也是表达自己对时间的敬畏和不辜负。

第二个老物件是书柜，到我家的时间是1983年，今年刚好本命年三十六岁，现在还在工作，里面装了很多老书和文件。

这个书柜特别有纪念意义，因为它是我妈结婚的嫁妆，质量上乘，即便到现在还很新，书柜在我小时候的记忆里，印象很深刻，里面还装着日语书，记得上小学时我拿着日语书学习日语发音，然后在同学面前"炫耀"，被围观的感觉很酷呢！

现在这个书柜里，还有一些建筑书和发黄的图纸，记得小时候，每次装模作样地拿着一本书读起来，父亲就会很高兴，所以书柜从小便在我的心中种下了读书的种子！

我上学时一直都是自己买复习参考书学习，虽然看的课外读物不多，但我仍然清晰地记得，自己初高中时买的仅有的几本书是《细节决定成败》以及《哈佛女孩刘亦婷》等人物传记。

第三个老物件是音箱，到我家的时间是1990年，现年二十九岁，是这几个老物件里最年轻的，也是最昂贵的，目前处于半退休状态，在我家正厅摆着，"颜值"还在。

音响是父亲当时在商场买的，花了880元，按当时的购买力，880元真的是巨资，算是一笔奢侈消费了。现在问我爸，为什么要买这么贵的音响，也不是刚需，我爸总是哈哈大笑，说喜欢就买了，这理由真任性，我也只能佩服我爸当时的消费理念太超前了。

但无论如何，都不妨碍它在我心里的重要地位，这台音响配有话筒，上小学后，我就在我爸的指导下进行演讲训练，总是拿它练习朗诵各种诗词。

上初中后，我便用它听广播，音响成了我学习生活的最好伙伴，记得有次听到一个很感人的故事，我到学校就讲给身边同学听，大家认真地围在一起，这让我觉得自己很厉害，于是，我对音响的感情更深了。

现在，这台音响的功能基本都退化了，但就和家里的一砖一瓦一样，它也是很难割舍的东西。我家的老房子经历过很多次装修和改建，这些老物件到现在还在我家保存完好，也是父母教给我们的一种质朴情怀，一种家族精神！

作家王朔在提到女儿教育时说过：优质教育的终极核心，并不是教你如何成功攀升到顶峰，而是教你如何忠于自己的兴趣，在这个领域成为实现个人理想并对他人有价值的人。

当然，我也有嗔怪父母的时候，我现在跳舞不行，唱歌不行，一点才艺都没有，为何小时候就不好好培养我呢？

记得那时，每当我跟着电视唱歌时，我爸就会说：别唱了，都跑调了。他总是这么说，我就对唱歌再也提不起兴趣了，也很排斥当众唱歌，因为怕出丑。

长大后，朋友聚餐，同学聚会，总免不了去KTV（唱歌娱乐的场所）唱歌，一遇到这样的机会，我就特别希望自己是个透明人，千万别让我唱啊，因为我认定自己是一个"不会唱歌的人"。

父母的一言一行，真的潜移默化影响着孩子的成长，在我们的思维里留下或好或坏的烙印。但无论怎样，我的原生家庭，带给我的正向能量远远高于不愉快的小瞬间，如果不是刻意去想，我真的很难记起有什么不愉快的时候。

现在，我也在努力给孩子建设原生家庭的美好环境，通过对孩子的一言一行去表达我们的爱，我也希望能鼓励孩子成长，给孩子传递正向、积极的心态，让这个家更温暖更有爱。

有次孩子半夜醒来时对我说：妈妈，你在写作业吗？我说：你怎么知道的？孩子天真地对我说：我听到妈妈"打电脑"的声音了。从小，孩子就知道妈妈用电脑是在写作业。

我家里很多地方都放着书，大多数时候，和孩子一起夜读，成了亲子之间最好的陪伴。早上我有听广播的习惯，"剽悍一只猫""得到"和"樊登读书"都是我很喜欢的，孩子也会记下里面的一些言语。而孩子的爸爸工作严谨，做事认真细心，会花费很多的时间去给孩子拼装出一个乐高玩具，这也是他给孩子传递耐心细心的一面。

虽然我和老公也有嘴皮子打架的时候，但是我们都在努力给孩子表现正向夫妻之间的爱，对长辈的亲情之爱，对工作的热情之爱。家庭关系是孩子成长最好的沃土，因此我们要给孩子营造出良好的家庭氛围。

原生家庭虽然很重要，但并不能彻底决定孩子的未来。我也遇到过很多在离异家庭成长起来的人，依然会用心守护他们现在的爱情和婚姻，很幸福也很美满；我也看到过曾经被父母送出去学习或一直养育在祖辈身边的孩子，长大后很能理解父母也更懂得珍惜。

无论我们曾经的原生家庭留在我们心里的是美好还是不美好，那都是历史因果的使然，现在的我们也无法改变。当下的我们，更重要的是拥抱自己的生活，用心为下一代构建良好的原生家庭。

因为有爱，才能"忍受"任何一种生活

在微博上，我看到谢楠发了这样一段话："常有人说，中国式父子的关系是不表达、不认同、不沟通。我一直努力的，是希望吴所谓（谢楠大儿子）变得比你我更会感受爱，说出爱，不胆怯分离，也不害羞眷恋。你（谢楠老公吴京）不会大声说爱，没关系，放着我们来。"

这段话从侧面反映了中国式父子的关系，当初我学习亲子教育，就发现妈妈们的学习能力超乎寻常，异常积极，但父亲这边略显被动，深沉而温暾。

我看过一篇文章，讲一个成年儿子和父亲的故事，父亲提出让儿子结婚，结果儿子却说，结婚可以，但结婚后要和全家人断绝关系。

父亲听了，愣了一会儿，然后愤怒地质问儿子：为什么要这么做？儿子说：我能有今天的成就，都是靠我自己的努力争取来的，你根本没帮什么忙！我在别人的眼里永远都是一个卖面老板的儿子。

听完儿子的话，父亲难得说不出话来。平静了心绪之后，父亲自责地对儿子说：是爸爸没有能力，让你受委屈了。

这句话道出了一位老父亲对孩子太多的爱和无奈，我也开始思考自己家里的这对父子的关系。

有段时间，我家孩子特别抵触爸爸，说爸爸不如妈妈好，妈妈会讲课，会陪他玩玩具，对他说话温柔，但爸爸不会。听完后，我并没高兴，我从不希望我在孩子眼里的"优点"是踩在爸爸的"缺点"上换来的，那没什么了不起。冷静下来后我反思，为什么孩子会这样评价他的爸爸呢？

因为在家里，我大多是一副和蔼可亲的样子，而老公则是一副规则制订者和执行者的样子。我们二人就像电视剧里的正面人物和黑化人物一样，孩子肯定喜欢给他带来快乐满足的人，而遇到一些棘手问题，我还会拿爸爸当"挡箭牌"对孩子说：你想看电视是吗？先去问问爸爸。你想去邻居家玩啊？那先问你爸去。更严重的是，我会拿爸爸来吓唬孩子，对他说：你再不收拾玩具，你爸可来打你屁股了；你还不快写作业，一会儿你爸不让你玩玩具了。

老公虽然在家里的时间不多，但在亲子关系中，一直流传着爸爸的"传说"，时间久了，孩子就觉得爸爸不仅威严，还有距离感，爸爸动用武力，儿子产生了反抗心理。

有一次，老公批评儿子，儿子吼着对他说：我要换爸爸！爸爸听了这话，扭头生气，去了一边，当时我心里特别内疚、难过。

我们都说，父爱如山。之前我采访白荣秀姐姐，白姐姐说，她的父亲给了她生命，这是她最感恩的事情。父亲在家里的影响力，真的非常重要。

即便到现在，我对小时候我爸做的事情仍记忆深刻，那时候的父亲好像"万能修先生"一样，什么电器都能修，肚子里有很多学问，教我认字和朗诵，还会容忍我的坏脾气。爸爸出差回来就给我买新衣服，印象最深刻的是黄色上衣配绿色裤子，到现在我都觉得"黄配绿"特别时尚好看。

记得我问我爸：你有没有很喜欢的一句话啊？我爸笑着说：知足常乐。然后我把这四个字写在纸上，一直贴在自己的铅笔盒里，长大后，虽然生活给了我很多无奈和沮丧，但我好像还是当初那个很容易满足和爱笑的女生。

我觉得父亲最厉害的地方，就是他很爱母亲，他觉得母亲穿什么都好看，母亲在他心里永远都是最漂亮的，只要母亲生气了，他就会很紧张。

想想自己的成长过程，父亲好像并没什么能让我倚仗的资源，但就是他，让我对这个世界充满了爱。

我的孩子长大以后也会是一位父亲，我希望他从小和他的父亲建立健康良好的父子关系，但如果像现在这样继续下去，只会一步步地将他们父子之间的关系推向分裂。

我知道，孩子的爸爸是一个不爱表达的人，但他心里对孩子的爱，就像高汤一样，是浓郁的，有时他也会卸下自己一天的辛苦，宠溺孩子，和孩子亲昵地说话，我在旁边看着就高兴，然后大声地对孩子说：你看，爸爸多爱你啊！我这样做，一方面是为了让孩子感受到爸爸在用他的方式爱孩子，另一方面也是为了让爸爸看到，孩子很喜欢和他亲昵，以后要多多表达他的爱。

当孩子和爸爸在一起拼玩具的时候，孩子会很骄傲地对我说：妈妈你看，这是爸爸拼的！而我会顺着他的话说下去：爸爸这么会拼玩具啊，妈妈就做不好呢！在这样的时刻，就应该让孩子看到爸爸的优点，既厉害又细心，爸爸身上也有很多妈妈没有的技能。

对于一个惜字如金的男人来说，没有简单回复一个"嗯"字或是直接甩出一句"真厉害"，而是用很具体的话夸奖孩子，我觉得孩子的爸爸这就是在进步，一定要大声夸奖出来，也要让孩子听到和感受到。

复习考试那段时间，很多个周末我都要去上课，孩子周六上午和下午要上辅导班，为了让孩子中午休息好，孩子爸就带着孩子中午在单位临时休息，关于这件事，我和孩子聊天时说：你看，爸爸每次接送你，还帮你带好道具，管你吃饭睡觉，他这么辛苦，多爱你啊！孩子听完后会似懂非懂地点点头，这就够了。

父爱大多安静而深沉，作为妻子和母亲，就要用爱的放大镜去观察和发现，主动将父爱传递给自己的孩子。

有一天晚上，孩子爸鼻炎犯了躺在床上，孩子上完厕所后喊我去帮忙，然后告诉我：你知道我为什么没叫爸爸吗？因为爸爸鼻子不舒服，我想让他多休息一下。

我听完后，扭头便对老公说：孩子好关心你啊！

作为妈妈，在家里就是爱的连接器，将孩子对爸爸的爱发送到孩子爸那里，而孩子爸身上确实有很多缺点和不足，但不足的背后，都有着其阳光的一面。比如，他很有威严，话不太多，这能帮孩子培养谨言慎语的习惯；他有时很暴躁，还会发脾气，这是他刚毅男子汉的一面，能帮助培养孩子男性刚毅的一面，因为总没有父母希望自己的孩子逆来顺受吧；他给孩子定规矩并让孩子严格执行，是为了帮助孩子培养规则意识，让孩子成为说话算话，有责任感的人。

后来，我慢慢地发现孩子爸正在以他的节奏向我们母子走来，而我们也要用更热烈的方式向爸爸跑去，爱的本质就是这样，当我们理解了彼此的爱心之后，也就明白了对方所有行为背后饱含的爱意。

作为父母，我们本就是独立的个体结合在一起的，在教育孩子方面，风格肯定会有不同，这没有对错，关键在于引导和启发爱的积极一面，如果夫妻之间的爱打通了，孩子就有了更好的土壤去茁壮成长。

世上所有的爱，都是为了在一起，却只有一种爱是为了分离，那便是父母的爱，因为养育注定是一场渐行渐远的离别。我们能给予孩子的，是热爱这个世界的生命力——它是有温度、有情感、有力量的，能带他漂洋过海，去探索未来的每一天，而父爱，就是这股生命力的根源！

真正的爱并不是一种感觉，
而是一个我们选择的价值观

　　经济学家薛兆丰老师说：结婚，就是办家族企业，签的是一张终生批发的期货合同，双方一起拿自己的资源办企业。

　　这句听起来很有商业味儿的话，我觉得没毛病，因为婚姻就是两个人在精神和财产方面的合伙经营，两个人比任何创业伙伴都要亲密，匹配度直接决定我们合作的完美度和持久度，在我看来，这就是新时代背景下亲密合伙人的内核关系。

　　很多结了婚的人，觉得每天都被柴米油盐酱醋茶套牢，还要把心思放在孩子上课学习上，哪还有那么多的亲密瞬间？连和对方拉手都嫌麻烦，反正都是老夫老妻了，何必在意那么多？

　　但亲密合伙人是比亲人更深层的"爱人"关系，著名导演黄磊老师，就曾理直气壮地反对把夫妻变成亲人，认为父母、子女才是亲人，而自己的老婆永远都是情人，婚姻必须建立在爱情的基础上。前段时间"阿里"公司的集体婚礼，最后出场的神秘证婚人马云说了这样一句话："结了婚的人，要天天像新娘，天天像新郎，要有这种心态，你的生活才能开心。"所以，爱人比亲人更重要。

我们都知道，公司需要愿景和使命才能发展得更长远，亲密关系也是一样，亲密合伙人最重要的是建立共同认可的价值观。

说实话，我家老公不是爱表达情感的人，他对我的批评和说教比情话多，缺点和不足他都是直接指出来，我好歹也是一个知识分子，在职场和家庭奋斗的大好青年，何况还是他媳妇，他总该疼惜一点吧，不，他特别理直气壮地无视我的女性情绪，显得特别"木讷"和"耿直"。

刚开始的时候，我很难接受，觉得委屈、难过、心痛，为什么啊？但当我理解了一个人的处事习惯同他的成长环境和阅历有直接关系之后，我就少了很多妄自菲薄的误解猜测。冷静下来想一想，他说的都是客观事实，只是标准和要求高，态度比较急切，换位思考一下，老公也是希望我能变得更好，换成外面的路人，谁会有时间搭理你的事？见面也就是客套两句。俗话说得好，良药苦口利于病。

想通了这点，我就从态度上端正了很多，尽量做到虚心接受老公的批判指正，告诉自己：只有最重要的人，才会让我们不舒服，是因为他们想让我们变得更好。当这个思想确定后，我看待很多事就不再那么激进了，因为老公的话糙但是理不糙，我知道他是为了我好。

在这里我借鉴我的老师在课堂上分享的一个理念，这个理念运用在亲密合伙人中也很适用，那就是说事实，不评判观点。

我们有时会抱怨亲密爱人：你就是不关心我，不理解我，你太自私，总是从自己的方面考虑问题。这些话，都是在单方面表达自己的观点，而非事实的陈述，这样的话语会像刺一样狠狠地扎在对方的身上，对方会想：你的话太武断了，说得根本不对，我哪不关心你了？我加班工作也是为了这个家。

当我们懂得用事实说话时，就会让沟通变得舒畅一些，比如这样说话：今天我特别累，忙了一天，你晚上都没帮忙给孩子辅导作业，弄得我很心烦；刚才过路口时，我不知道你要让我看右边的车，你那么大声吼我，让我觉得心里难受；今天下楼时你没带垃圾，平时你都能记住，怎么今天就忘了呢？

当我们用讲事实而非表达情绪观点的方法沟通时，语言的攻击性就会降低很多，对方接收到信息后，就会更平和地去思考这些话的本意，这样做会使两人相处变得更和谐。

在合伙的情况下，合作伙伴并不意味着两个人待在一起就行了，正确的相处方式应该是：共同做事时将注意力集中在对方身上，让对方觉得自己被关注了。

之前,参加顾老师的KSME课程,当老公答应同我一起去时,我非常高兴,因为他是一个古板的人,对这样的课并不像我这样热衷,他能迈出第一步同我一起去听课,让我觉得像中奖一样窃喜。

课堂上,我的热情参与感染到了他,而让我印象最深刻的是老师邀请我们为自己的另一半写出五个优点来,我和老公互为"天使"伙伴。

我啰唆地写下老公的优点,一张明信片写得满满的,特别有成就感,再看看老公,他写得很慢,一张明信片上只有一点点字,我心里不免感到有些失落。

当写好之后,老师让我们互相分享给对方,我就一句句地讲给老公听,旁边的一位朋友看到这一幕,就笑着对我们说:你媳妇真优秀,写了你那么多优点。

我一听对方的夸赞,内心就更"膨胀"了,就对老公说:你也分享一下我的优点,我很想听。老公有些"高冷",但看到我热情洋溢的脸,也不好拒绝,他说的我的每一个优点,都被提炼成了四个字,虽然没有华丽的赞美,可我被夸赞得内心能量满满,我觉得他真的理解我了,这让我非常感动,这足够我享用十年。

正因为这件事情，我们才看到对方眼里的自己是这样的，了解彼此的需求和期待，而平时生活中，我也会经常邀请老公参加我的课程或是公益活动，我们一起做事，这样我会觉得十分踏实和满足。

我们的家庭也是一个大的共事空间，小问题总会接踵而来，如何处理问题，就成了亲密合伙人需要注意的一件事情。

有一个"南风效应"，讲的是北风和南风比威力，看谁能把行人身上的大衣吹掉。北风上来寒冷刺骨，希望把人身上的衣服吹掉，没想到人们却将衣服裹得更紧；而南风，只是吹来了温暖和煦的风，让人们觉得很舒服很温暖，人们很快就将外套脱了下来。"南风效应"给我们的启示是：在处理亲密关系的问题时，要特别注意讲究方法，因为方法不同，结果会大相径庭。

一个男人如果每天回家面对的都是一个只会挑剔、永远都不满足的妻子，那么他一定会选择逃跑，而当我们把问题看成是促进彼此亲密的机会时，用不指责、不批评的方式来表达感受与需求，会发现通过每一次危机沟通，彼此都会增进了解。亲密合伙人，就是在共事之中，慢慢地滋养彼此的关系和爱。

在事业合伙人关系中，背靠背的信任和支持非常重要，而在亲密关系中，"我挺你""支持你"也会增进亲密关系的契合度。

前段时间，我和一对四十多岁的夫妻吃饭，先生在大企业工作，妻子则是一位创业者。先生说："我最欣赏她的优点是为人真诚，虽然吃过亏，掉过坑，但她一直在用自己的信誉去支撑她的事业。"丈夫继续说道，"她接触的人和事比我多，总会有一些新想法，每次她想去做一件事的时候，都会来问我的建议，我也会在思考后为她分析利弊，我有时候不同意，她还是想做，那我也会支持她，即便最后她没成功，我也不抱怨责备她，还会鼓励她，因为我是她最亲的人，如果连我都不鼓励她，那她还怎么会有信心做其他事情呢？"

我深深地被这位先生鼓励妻子的行为感动，当时我老公也在场，听完这些话后，我俩互相交换了眼神，一切尽在不言中。

再来看看这位先生的妻子，她的朋友圈，除了与工作相关的消息外，全都是在告白自己的家人，把爱人称为劳模，夸奖爱人厨艺好，会生活，孩子的所有生活细节都被她在朋友圈记录了下来。你会在她的朋友圈看到他们那种来自灵魂的相敬如宾，家庭和美，其实都出自最朴素的内心力量以及最真挚的爱。

到我这里，去年做女性教育事业的时候，我组织了多场线下活动，几乎所有课程都得到了老公现场的支持。上课前，他会帮我摆设教具，课程中，他细心拍摄活动照片，课程结束后，我和家长、老师沟通的时候，他就会默默地帮忙收拾道具，他还是我的专职司机，这些细节我都看在眼里，记在心里。一个大男人，陪同我做这些烦琐的事，算是给了我莫大的支持。

不仅如此，他还会用"简单粗暴"的方式，指出我课堂上的缺点和不足，俨然一副评审老师的样子，刚开始听到这些，我还觉得挺委屈，我没有功劳总有苦劳吧？但略去这些情绪上的东西，他的建议客观具体，虽然有些话说重了，但我可以过滤后接受。

我身边还有一对相识24年，结婚18年的夫妻，从他们身上，我也体会到了相互欣赏、彼此滋养、共同成长的合伙人状态，他们两位各自经营着企业，女士的企业越做越厉害，即将上市。她说，特别感谢老公对她的支持，让她一直做自己喜欢和擅长的事。世界上最幸福的事情，莫过于纵使江湖险恶，波涛汹涌，相爱的人始终相伴。

两个人，两个人生，一家人，一辈子，从恋人到夫妻，从爱情到婚姻，从鸡毛蒜皮到岁月静好，是什么支持细水长流的爱情呢？我相信就是亲密合伙人的关系支撑着这样的爱情。

第六章

请把所有力气都留着变美好

生活需要一些钝感力

　　我们这一代女性，为了独立，为了养活自己和家人，背负着职场和家庭的双重压力，兢兢业业工作，还会因为天性操持家务，养育孩子，撑起家庭的一片天，如此这般努力，还是会在一定程度上受到来自家庭、职场、朋友的不认可和质疑。

　　婆婆对我说：你被子叠得不整齐，地板又忘记擦了，碗柜没有收拾利索。我心想：我妈是职业劳模，做家务我只是外行，乖乖听话学着就行。

　　老公批评我说：你怎么就听不懂话呢？老板是怎么放心把事情交给你的？我心想：他话糙理不糙，考虑事情一向周全，也是为我好。

　　当我问朋友的建议时，得到的回复是：在忙。然后就没然后了。我心想：自己的事又不是人家的事情，总有朋友会帮我，就像总有人需要我一样。

　　邻居家孩子比我家孩子还小，就报了学费上万块的英语班，不到五岁就能认识上百个单词，家里人说：看看人家孩子，英语学得多好，你也不给孩子学。我心想：学习语言，环境比起跑线更重要，要学也该学人家勤奋的态度。

老同学去年投资了一个房产，座驾又更新了，对我说：别老钻到书里，该挣钱了。我心想：没错，但是条条大路通罗马，向人家学习市场运作的商业头脑，大家都是追梦人，只是我们到达的终点不同而已。

这就是我，用老公对我的评价就是：包容万物，说俗一点就是没心没肺。我不喜欢计较，每天要面对那么多事情，一颗心都不够用，但作为"大天蝎"的我，理应是记仇的，可能是我的心态比较好，底线原则之上的事情，对我来说都是过往云烟。

遇到烦心、伤心的事，我有很多种方法满血复活，不会让负面情绪在自己的身上过多留痕。日本作家渡边淳一写过一本名为《钝感力》的书，书里提到现代社会的人，需要具备一项能力，就是钝感力。钝感力就是把自己的心量放大，少些计较和敏感，不为鸡毛蒜皮的小事牵动情绪，这样才会更幸福豁达。

庆幸我身上是有一些钝感力的。

但小时候的我并不是这样，那时我的自尊心很强，脸皮薄，亲戚邻居说句不好听的话，我就据理力争。用老话说就是"这丫头嘴不饶人"，遇到老师批评，我心里会难受好几天。上初中时，有次上课，我在同桌头上放了一把尺子，其实就是闹着玩，但正好被正在巡视的班主任看到了，老师不由分说打开门就拿铅笔盒直接扔到我身上，虽然没啥力度，但当时我就蒙了，我可是好学生啊，怎么会被老师这样对待？当时我很委屈，回家就向父亲提出要换学校，还好最后自己释怀了。如果这样的性格继续下去，以后但凡遇到不顺心的事，估计我很难过得去。

人生不如意事十之八九，哪里有完美的橘子呢？

后来，我发现，很多女生都有敏感的一面，但凡粗线条钝感力强的人，幸福指数都会很高。要说我身边谁的钝感力最强，我一定会竖起大拇指说就是老公家这边的燕燕姐，她是我们老家掌事的人，无论是上边的舅妈、老姨，还是下面的兄弟姐妹，都靠燕燕姐来维系关系平稳。家事本就烦琐，鸡毛蒜皮剪不断，可她就是能把不同关系处理得很好。她的身体不太好，每次见面，她却都是一张大笑脸，老公也曾说过我和她很像，一方面可能是因为我们都是"脸大"的人，另一方面就是因为我俩都比较心大，爱笑，心里不装事。

有一次，燕燕姐新换了一个发型，齐刘海，我视频里对她说:姐，你这套假发不错啊，多少钱？然后我俩就哈哈大笑起来，和姐姐相处特别舒服,开什么玩笑都行,她的不敏感和大大咧咧，让我俩特别亲近。虽然燕燕姐是普通工薪阶层，但家里的人情来往，生病住院，都是她来帮忙，就这样她还是每天乐呵呵的吃好睡好，如果是一个心眼小的人，我觉得很难撑住。

每次回洛阳，不管时间多紧，我都会与燕燕姐见面，好像和她在一起，我的幸福指数也会直升，这就是燕燕姐身上最大的魅力，因为钝感力强的人，能放过自己，同时带给身边人舒服和自在。

我身边也有一些敏感且保护欲很强的人。记得有一次，我去学校，正好碰到以前助教的男朋友，我就和他讨论起学校的事情来，又主动加了人家微信，后来这位助教下午就给我发信息说：如果下次有什么事，请直接联系我，不要随便加我男朋友。我心想：我都结婚有孩子的人了，还是第一次遇到这样的事。我解释说：我是为了某件事情才加了他微信。但对方义正词严地继续说：我不喜欢别人在没有我允许的情况下加我男朋友的微信。这样我便明白了，没必要和人家争了，每个人都有自己的处事标准，我如果非要别人理解我，就是我太敏感，自尊心太强了。

在那之后，我就不再给她男朋友发信息了，也非常尊重人家的态度，这件事教会我，以后遇到有恋人的朋友，先要征求一下女同胞的建议，这样的处理方式会更妥帖。

在亲密关系中，钝感力也显得非常重要，我很不喜欢吵架，更不喜欢吵架的时候翻旧账。既然选择了就认定了，就算有缺点和不足，也都是美好的过往，好的婚姻，永远都是往前走的。"迟钝"地放过那些"错误"，就是放过自己，让小问题、小拌嘴成为过眼云烟，不要让它给婚姻打结，等到哪天自己被绊倒都不知道为什么。

虽然生活需要一些钝感力，但钝感不是麻木的代名词。钝感其实是一种主动忽略，忽略那些鸡毛蒜皮，包容那些非原则性的错误，令情绪更平和、心胸更舒爽。直到现在，我都非常珍惜自己，同时保持着对外面世界的好奇心以及开怀大笑的能力，有时候看一则充满爱意的广告都会热泪盈眶，也希望我的这股真性情，能一直保持下去。

虽说我是对生活具有钝感力的人，但对自己的工作我倒是挺敏感和有执念的。我是一个雷厉风行的人，执行力很强，就因为这点，做事的时候我会很注重速度，这样反而导致我在一定程度上忽略质量，现在想来，这就是自己缺乏对钝感力举重若轻的表现。

拿我和老公的感情来说，如果抓得太紧，会让对方感觉太"重"，没有空间，感情就会在指尖流逝。

再拿一部好的电影来说：好的电影，一定不是过"重"的演绎，反而是给观众留下一定的回味空间，让人有绕梁三日之感。

因此，举重若轻，就是一种品味人生的力量。对待再"轻"的小事，全力"重"视，对待过"重"的项目，也要学会"轻"品放缓。就像企业管理中，"战略上藐视，战术上重视"运用到这里也恰当。

我们都应该举重若轻地看待压力和自己，人生的路很长，负"重"前行，只会使自己累得没有喘息空间，而懂得为压力瘦身，才能"轻"装上阵，走得更远。

但现实是，即便我自己知道这些道理，仍然不会去过有节奏的生活，休息时，大脑仍会工作，还会计较时间得失，弄得自己和家人都很累。后来，我给自己设置了工作外的模式，休息时暂停一切，远离一切工作，包括自己的手机、电脑、办公室，保证自己休息时不被任何事情所打扰，全身心沉浸在休闲娱乐中，同时给自己正向暗示，不要被"比我优秀的人还在努力，我有什么资格休息"之类的"毒鸡汤"影响。

具备钝感力的人，会选择放过自己，放下执念，享受工作，享受家庭，这在一定程度上是对生活的定义。

什么重，什么轻，就在自己的一念之间。钝感力，就是给生活做减法，什么该记住，什么该忘记，什么该拿起，什么该放下，无论怎样的境遇，人生最重要的是享受与体悟当下的快乐，因为每一个当下的集合就是人生！

走在岁月中，活在珍惜里

时下，很多人陷入时间管理的泥沼中无法自拔，要么没有时间学习，要么睡眠总不足，陪家人的时间也越来越少，每天忙忙碌碌，像是救火队员，哪里着急先应付哪里，争分夺秒又筋疲力尽，于是，焦虑成了现代人的通病。

我也不能免俗，一边和时间赛跑一边又被时间裹挟着，时间的富足和稀缺对我来说深有感触。

身边很多朋友知道，我有早起的习惯，早晨对于我这样创业、有家室的女性来说，是一天当中时间最长、效率最高同时也是精力最旺盛的一段时间，每周能为我增加7~12个小时。于是有人问我：你是如何做到每天都早起的？并且是如何坚持下去的？是不是定好闹钟就可以了？当然不是！

早起习惯的养成，是一个系统工程，通过我长期实践，我将它总结为"早起五步法"。

首先，睡前要确定一个目标，拒绝"裸"起。当你都不知道自己早起要干什么，"裸起"只会带来身心疲惫。

我的建议是，早起前一晚就将第二天的日程写到纸上或手机上，一定要是能具象和量化的工作，这样便可以提升我们早起的动力。早起后一步步地去完成这些工作，便会给我们带给很好的参与感和成就感，尝到甜头之后我们就会更愿意早起。

第二步，做好物料准备，方便一秒启动工作。很多人告诉我，他自己也定5点起床，但到了6点还没开始工作，不是在收拾桌子、找文件，就是拿着手机刷各种新闻。

我的经验是，在前一天晚上就把资料都找好放在桌上，摆出一种万事俱备，只欠早起的仪式感。到了第二天早上，只需按一下电脑电源，就能立刻开始工作，最大限度降低启动工作的时间。

第三步，要想早起就决不能熬夜。为了早起一定要戒掉熬夜的习惯，我给自己设定的标准是晚上11点之前无论如何都要上床睡觉。

当然，突发情况总是有的，偶尔熬夜也无妨。但如果是有着"熬着最深的夜，用着最贵的眼霜，吃着最好的营养品"这种生活习惯的人，就会很"感伤"。身体的修复，最关键还是在于内分泌循环的健康。

如果你就是一个习惯熬夜的人，可以先写下熬夜前要做的事，写在纸上，这样便能给你带来很直观的感受：原来时间都耗费在这些事上。然后，给自己定一个夜晚闹钟，比如10点45分提醒睡觉，15分钟后手机自动关机，先试着让自己一周2天不熬夜，慢慢地去减少熬夜的日子，体验一下健康睡眠的生活，因为改变自己的习惯是一个日积月累的过程。

第四步，就是设置弹性闹钟。这里设置弹性闹钟，有两层意思，第一个弹性是指两个闹钟时间间隔10~20分钟，闹钟音乐也要不同，前一个轻柔，就像上课前的预备铃一样，主要是提醒，后一个则要声音洪亮，是为了督促自己尽快执行命令，该起床了。

弹性闹钟的另一层意思，是要根据自己的身体状况来设定闹钟时间，比如刚开始，我可以比平时提前半小时起床，适应之后再提前一个小时，这样循序渐进，让身体慢慢适应早起，不给自己"激进式"的压力。

"早起五步法"的最后一步，就是早起让大脑清醒一些。通过洗脸、冲澡、喝水、轻运动、听音乐等方式，来唤醒身体和大脑。

对我来说，我会选择更轻便的方式，比如用凉水洗脸，一秒就能清醒过来，或是做一组5分钟的瑜伽，让身体"热"起来，抑或是用双手搓脸，脸热了，眼睛也会跟着舒展开，我可以很快投入工作之中。

"早起五步法"帮我养成了早起的好习惯，让我获得了更多的时间。但是只有时间还是不够的，人的精力也是会波动起伏的，一般来说，早上和上午是我精力最旺盛的时候，午饭后我的状态会低迷一会儿，下午精力又会逐渐复苏，晚上因情而异。

我一般会在固定时间做同一类事情，这样会更高效。比如早起就做创造性工作，写作、定项目方案等。养成习惯后，大脑就会自动自发进入该模式，工作也能更高效。

我也会通过时间管理四象限，将任务按重要、紧急两个指标进行分类处理，这个方法大家都比较了解，但是真正行动起来，任务的重要和紧急程度很难划分，有时，越是重要的事情，越喜欢拖着不想去做。

我会根据精力状态坚持"要事第一"，也就是说，选择与当时精力状态匹配的事情先去做。比如现在状态好，就去做有难度的工作；如果状态不佳，头脑混沌，就去找任务表中简单易操作的事，先获得一些成就感，让自己渐入佳境，再去做其他事，也可以说是先把精力"养"起来。

为什么我们会觉得时间越来越少？其实每天24小时一点变化都没有，变的只是我们的专注力而已，因为我们被太多的事牵绊打扰。

为了更好地和时间相处，我会对做事的内外环境进行优化。

选择外部环境，尽量不选择在家里，有吃有喝有床的地方也不要选择，这些地方只会让人变得更懒，而要选择像图书馆、咖啡屋、不被打扰的教室或是办公室这样可以静心、专注的环境。很多人会选择在飞机或火车上看书、处理工作，也是这样的道理。

另外，就是对自身的内部环境进行优化，包括深呼吸、关闭新闻弹窗、手机静音、卸载不常用的APP（应用程序）、清理办公桌冗余物品（尤其是吃吃喝喝的），佩戴手表，然后"断电断网"，这样做为的就是在视觉上眼不见心不烦，避免分心被打扰。

当我们处于内外优化的环境中后，会达到一种精力充沛的状态，然后可以全神贯注地投入到事情里，忘记了周边的时间、空间甚至自己的存在，带来一种沉浸其中的兴奋感和充实感。

但在这个过程中，我也会忍不住看手机，想看看有谁找我，有多少个赞或评论，回复一些不太紧急的事情，做完之后就觉得这些琐事没有自己想象中的那么重要，而且得重新投入工作心境，时间就浪费掉了，心里也挺愧疚的。

后来我调节自己，干脆让自己25分钟或45分钟后主动拿手机去看一下，把它当作专心工作后的"奖励"，有了这样的想法后，心里也就更接纳自己的"分心"了。

对于时间的高效利用，我还有一个很有心得的管理方法，那就是"任务乘除法"。

其中，"任务乘法"，就是对任务合并同类项，把可以在同一时间、同一地点或用同一方法做的事情集中在一起处理，比如回复邮件、发送通知、收发快递等。

对于太难和太重的工作，做起来压力大，心理成本会很高，想拖延的事情，就使用"任务除法"，方法是把任务分解，就像切蛋糕一样把任务切成小块，分小目标来完成。比如我最近在写毕业论文，论文是一项大工程，很多人即便打开电脑，也不愿打开论文文件，而对我来说，我会将这件事情分成许多小目标，上午用2个小时看导师给的修改意见，不去修改处理，或者用2个小时修改1条论文建议，做不完也没事，只要按时去做，就给自己鼓励。

这样将事情分开做，每完成一个小目标我便可以获得很大的成就感，也能避免长时间做大任务带来的压力和焦虑，让工作轻松运转起来。

总之，使用了上面的这些方法之后我确实做了很多加项的工作，朋友们也很羡慕我：你一个人做了这么多的事情，真了不起！同时，我为自己高效的时间管理感到自豪。

于是，我越来越忙，日程安排得满满的，恨不得每分每秒都用尽，还觉得一天24小时都不够，如果出去休闲娱乐，还会产生对时间的"负罪感"，结果就像上了发条一样被时间追赶，我被压得喘不过气来，就这样我还是会硬撑，这时我最亲近的人向我提出抗议。老公不想让我早起，把手机藏起来，闺密说我脸色不好，气血不足，而我由于眼睛对着电脑时间太久，看东西都会眼花，自己也吓得不轻。

痛定思痛，我开始反思并进行时间管理，并不是为了让我有更多的时间来工作，而是让我把生活过得更从容有序。

我理想的工作状态是工作时尽心，玩时也尽兴。但到现在，我依然急躁激进，但至少不像以前那样忙得焦头烂额，被时间追赶得怀疑人生。

在此，我也想提醒大家，任何高效的时间管理方法，都不会适应每一个人，我们无须照搬全用，也要因地、因时、因事而异。无论如何，超负荷管理时间并不是最高效的时间管理，而懂得为时间留白，接纳每段时间的自己，让时间流和心流和谐统一，就是我和时间的博弈之旅，希望能带给你启发。

自律，是一场岁月静好的旅行

　　自律是时下一个自带话题的词，很多人都说自律是为了跳出舒适区，但直到我花了两个月的时间细读了《少有人走的路》，对自律才有了更深刻的认识，书中说，自律就是主动要求自己以积极的态度去承受痛苦，解决问题。

　　这概念听起来很抽象，于是作者又提出了自律的四个原则来帮助我们成为自律的人。第一个原则是推迟满足感，是说生活中我们不要总贪图暂时的安逸和身体的满足，尝试一下先苦后甜，重新梳理我们人生快乐与痛苦的次序；第二个原则是承担责任，在复杂多变的人生道路上，我们要清楚自己该为什么事和什么人负责；第三个原则是忠于事实，需要我们直面自己的内心，敢于接受外界的质疑和挑战，允许别人来检视我们的人生地图，而这也是我认为最需要勇气的部分；第四个原则是保持平衡，鼓励我们建立富有弹性的约束机制，从容面对起伏的人生，我觉得这是实现自律的核心所在。

总之，我看这本书最大的收获，就是帮助我从内心审视自己，了解自己和自律的差距到底在哪里。自律的四个原则对我的写作技能塑造，也带来很大的启示。

第一个原则，推迟满足感。写作这件事情并不是说了解写作方法就能立即提升自己的写作能力，这是一个推迟满足感的过程，没有捷径也没有速成班，对于急性子的我来说，为了得到及时满足的结果，曾经把自己推入自责的情绪中，了解推迟满足感后，才让我多了一份释怀。

第二个原则，承担责任。在写作的道路上，到底什么样的责任要承担，什么责任可以放下，我也在"人格失调症"和"神经官能症"之间挣扎，遇到写作瓶颈，我确实还没1万小时的技能累积，又是兼职写作，起跑时间本就晚了人家好多，就不要把过重的压力都放在自己身上。看似很勤奋努力的我但其实在战略上是很懒惰的，思考深度也不够，对外界依赖性过强，这些责任都需要我去正视和承担。

第三个原则，忠于事实。在接受了外界批评建议和看到自己的问题后，我也有不甘心、沮丧的时候，冷静下来之后，还是要回到写作这件事情上，先解决"事"，再化解"情"，从"解决问题为先"的角度来考虑问题，避免让自己持续陷入负面情绪的旋涡中。

第四个原则，保持平衡。这在我身上表现得更为明显了，我的写作过程，就是一段在不断放弃和接纳中寻找平衡的旅程。

放弃根深蒂固的思维诟病，放弃文字表述的陈旧陋习；接纳自己在写作上的初心和坚持，接纳自己思考逻辑的不熟练。保持信息输入和内容输出的平衡，保持内心的平衡。

总之，写作就是一段在自律中磨炼，在荆棘中成长的艰难旅行。

自律让人更自由，其实就是懂得自律的人会越来越谦逊，并且获得身体和心灵的自由，更深刻地看待生活。其实，无论是工作、家庭还是个人成长，都是一种修行，而用这四个原则来觉察和反思自己，一定会获得新的认知。

时下，自律的人很多，罗振宇每天坚持分享60秒语音，他曾经用"死磕"来形容自己的坚持，体现了他的坚韧和勤奋，很多人无法做到这样，因为这个过程是苦楚中带着自虐倾向的。我的教练在指导我写作时说，写作时如果带着巨大压力或痛苦，那就干脆不要去写。生活不如意的事情本就很多，让自己像苦行僧一样完全是没有必要的。

回看这一段写作旅程，如果说曾经我是喜欢它的，那么现在我是真的喜欢上了写作，我发自内心意愿地主动写作，即便会有纠结迷茫找不到突破的时候，我也带着满满的兴奋去体验写作的愉悦感，让写作成为一种日常习惯，进而演变成生活的一种岁月静好。

虽然我的工作场景不是高大上的CBD，但我一直有保持职业穿着的习惯，夏天很多女性为了凉快和舒服，在办公室穿凉拖或运动鞋，我还是会穿丝袜配高跟鞋，这样搭配经常被同事吐槽：你热不热啊？一般遇到这样的情况，我就开玩笑说：我穿的哪是职业装啊，这是我的职业态度。说真的，这种自律的穿着，我觉得有一种很强的仪式感，就好像告诉自己：上班了，得好好工作！

记得有次我们给老板做季度汇报，当天我穿了一套职业裙，老板进来看到我说：你怎么穿得这么正式？我很自信地说：因为我很重视今天的会。老板欣慰地笑了笑。我想自己在老板心里留下了对工作重视的印象，如果以后有合适机会，他也会提前想到我。

自律教会了我心态清零，因为我是一个兴奋点、笑点、泪点都很低的人，简称"三低"的人，但我告诫自己，开心的事，可以兴奋、高兴，但这样的兴奋只限于当天，第二天就得清零。荣耀和成绩只留在当天，伤心的事情也是如此。很多时候，人的痛苦和不幸是自己给的，不是这个世界对他太残忍，而是他自己从未放过自己。所以对于负面情绪，我好了伤疤忘了疼，第二天醒来，负面情绪就会清零。

在我看来，一个真正优秀的人，是不会沉浸在往日成绩里的，要保持谦虚的态度和进取心，才能保证自己一直有进步，有收获。自律清零，才能走好现在的路，有全新的突破，就像我每天称体重，每天做轻运动，每天思考，但今天的成果只代表今天，每天保持清零状态，继续学习，继续坚持奋斗。

人这辈子不可能一直一帆风顺，总会经历痛苦和失败，就像我们的一生一样，在年轻时对未来充满期许，到中年时处处都在突破和变动，年老历尽沧桑后淡然处之，而每个时期总会有不同的迷茫和忧虑。

忠于自己的内心，不畏惧，不妥协，不放弃，不悲悯，不自怜，不妄自菲薄，带着敬畏之心好好吃每一顿饭，好好睡每一晚的觉，锻炼好自己的身体，坚持读书学习，认真过好每一天，这些小小的举动，都会在日后引发质变帮助我们冲破黑暗迎接希望的光亮。自律，就是为了让我们在岁月静好中遇见更好的自己！

请牢记！金钱不是生活的全部

　　我一直有个比较极端的观点：能用钱解决的问题，都不是大问题。像自己家的经济条件多好似的，但其实，我只是个普普通通的在农村家庭长大的孩子，家里最富裕的时候，估计也是父亲做个体户卖服装的时候，那时候父亲居然可以花八百多块钱买一台音响放家里听歌，感觉好厉害。但自那之后，家里的经济一直就紧紧巴巴的，最困难的时候，爸妈一起去集市卖服装，回来挣个百八十块钱都很高兴，那时候我不由得想，如果哪天家里真的揭不开锅了，也是很正常的事情。

　　母亲一直是全职主妇，家里唯一的经济来源基本都靠父亲去打拼，所以他的收入就成了家里的风向标。上初中后，父亲改行做起了建筑工程师，有过辛苦一年却因为老板克扣工资而拿到很少工资的经历，快过年的时候还得一个人去要账，也有过大老远从新乡到青海做工程，为了省钱，快过年了才回家的经历，每次回来我都觉得他身上散发一股羊肉味，他的脸黑红黑红的，包里放着一年辛苦的收成。

上高中时，我差几分没考上重点高中，但可以花几万块钱进去，我妈就问我怎么想，我说：你给我做好吃的，我就不去了。这不是玩笑话，我真就吃了一碗擀面皮，便放弃了进重点高中的机会，乖乖地去了普通高中的重点班，因为在我看来，几万块钱弄得家里东拼西凑太不值当。

虽然家里过得并不算宽裕，但从小到大，爸妈给我的钱都比较多，没有让我觉得很缺钱。上大学时，刚开始每个月500块钱生活费，在我们班大多是农村家庭走出来的孩子中，已经算是中等偏上了，可以过得很富足，学习、生活都不耽误；大四时，我还让爸妈借钱给一位同学，帮她还清了助学贷款，虽然只有几千块钱，但帮她解了燃眉之急，也算是钱用到了地方。后来虽然我和那位同学一个在北京，一个在上海，但是彼此之间的情谊很深。

我的第一台笔记本电脑，还是在我考上研究生时买的，当时父亲答应我，只要考上了就送我一台电脑，我不知道当时家里条件如何，但是父亲历来答应我的事总能做到，每次我对钱有要求了，母亲就说：让你爸好好干活来供你！父亲总是一脸笑容地说"好"，公费读研后，我也通过实习工作解决了生活开支问题，从此上学不再靠父母了。

有次我和朋友聊天，他说自打上大学开始，就再也没有向家里要过钱了，他是一个特别有商业头脑的人，这让我很佩服。我问为什么，他说家里当时很困难，开学前去亲戚家借钱，对方还是父母曾经帮助过的人，想借1000块钱，但对方只给了300块钱，说家里的钱有别的用处，后来他拿着这300块钱，饭都没吃就走了，之后再也没有去过这个亲戚家。大一开始，他就申请了助学贷款，同时去做兼职，很大一部分时间用在了挣钱上，之后再做生意，买房结婚生子，没有要过家里一分钱，全都是靠自己打拼。

我问过他：你会把钱看得很重对吗？他回答说：也不是，但是没钱万万不行，我要让这个家不为钱去低三下四求人。

相比而言我就很幸运了，一路上学，从没捉襟见肘过，父母用金钱给了我最好的教育支持，而我用学习成绩回馈了父母的这份支持，但我并不是坐享其成，从大一开始，因为学的是数学专业，我兼职做了些家教的活，多少补贴了一点自己的生活费。

有一次我从宿舍的上铺摔下来，腿磕伤了，又打针缝线，但当晚还是坚持去做家教，后来母亲知道就给我打电话，说我不该出去乱跑，我安慰她说没啥大事。当时一个多月无法好好走路，我还是坚持了下来，到现在腿上还留着那块疤，当时我并不是为了几十块钱家教费就不要身体了，只是这个小朋友马上就要期中考试，关键时期我不能随便放弃。

为什么我一直坚持做家教呢？因为可以把自己学习的知识转化成被认可的价值，这给了我相当大的成就感，每次家教结束回学校的路上，我都会有一种"劳动最光荣"的满足感，同时当家教教会了我自食其力，虽然收入不多，但能支撑起自己学生时代的小康生活。

我自己并没什么商业头脑，不懂得开辅导班或做校园代理，这些都是挣钱的办法，我只会踏踏实实地挣点儿小钱。

读研究生后，我幸运地找到了一份企业实习的工作，加上学校的补助，每个月收入很高，算是正式独立了。记得第一次拿到工资之后我请全班男生吃饭，可惜吃坏了肚子，被同学送进了医院，人生第一次打点滴居然是这样的奇特经历。再之后研究生毕业，带着自己攒的近一万块钱，我来到了北京工作。

2011年我刚到北京，为了节省开支，在地下室住了几个月，正好赶上北京的雨季，地下室很潮湿，床上都是湿漉漉的，晚上我需要一层层加被子才能让自己不睡在闷湿的环境里，有一天晚上洗头发时，我忽然哭了，一个人泣不成声，那是我唯一一次在住的房间里情绪崩溃，事后我没有告诉男朋友和家人，独自扛下了所有的压力。

我知道，在这个社会，靠固定工资生活风险很大，所以我也想投资，希望钱能生钱，但我从不买股票，因为自己才疏学浅，风险管控能力弱，更因为我觉得那是一种"不劳而获"的收入，心里觉得很不踏实，所以在投资上，我的标准是选人比选事更重要，人对了，生钱的概率就会更大。

经营一个家，物质基础很重要，买房、买车、生孩子、教育、个人发展、家庭旅游、老人赡养，方方面面都需要经济支撑，而近几年家里有好几笔大额支出，都是通过借钱和贷款的方式，坐下来理性思考一下，我在消费上确实是有一点超前，但每一笔支出，都是刚需。

这两年一些朋友总劝我：你学了这么多，也该好好挣钱了，车该换，房子也该换了，孩子出国留学的费用也该开始预留了。是的，钱确实是很好的一条路，能帮我们到达想去的远方，让我们过上更优质的生活，但我不想苛求每一笔花费都要做到最优，在挣钱的路上，我确实比一些人要慢一点，还选择了更难走的路，但我相信自己一步步地走，想要到达的远方终究会越来越近。

万事万物总要先付出才能谈结果。有时候即便你付出了也可能无法收获到想要的结果。生活，哪有那么多的种瓜得瓜，种豆得豆？很多时候，是种瓜得豆，种豆得芝麻，就这样种着种着，你就发现收获的其实并不少。

金钱是很好的工具和路径，我们辛苦赚钱，并不是因为我们多爱钱，而是这辈子不想因为钱而为难，希望在父母年老时，我们有能力承担，孩子需要时，我们不会让他放弃自己的梦想。我一直坚信，女人无论是已婚还是单身，为最终实现自己的人生富足与自由都需要有一定的经济基础。

"轻生活"带给我的身心改变

　　前段时间我出去上课，有位同学当面夸我：媛媛，你身材好，气质也很好呢。我赶忙谢谢对方。同学接着说：是不是很多人夸你，听得太多了？我赶紧解释说：身材好，是因为我坚持运动；气质好，是因为经常和优秀的你们在一起学习。同学听完后，会心地笑了笑，直夸我会说话。

　　坦白说，我在面对这位同学时，既没说场面话也没自命不凡，我的身材，就是靠自律的运动，才能保持十多年不变，我可不是什么天生的瘦子，我父亲的腰围几乎和我的裤长一样，我的两个姑姑也是胖而美的女性，作为家里的大女儿，从小就在这样的"危机"中坚守自己的体重。

　　邻居家有一口水井，记得一次大学暑假，每天午饭后我都会去她家压水，一桶一桶的，做义务劳动，这个奇怪的举动让邻居觉得我是不是"吃多了"，可是我很享受这种为控制身材而付出的坚持。

当别人说我"你真是吃多不胖，让人羡慕"时，我总会笑着说：完全不是这样的，我一直秉持着"轻生活"的理念，坚持轻运动、轻饮食和轻心态，才得以塑造现在的自己。

但时下，大家总会说"太忙了，今天又要加班""等我有空了再去健身房""明天吧，明天一定去"，很多人吆喝着"要减肥要变美，要锻炼身体"却又找各种借口推脱。

一个人要是真正想要运动，哪里都是他的健身房。做妈妈之后，我的时间确实不像单身时那样多了，可我并不认为运动就要和照顾孩子分开、需要牺牲和孩子相处的时间，在我这里，运动反而成了和孩子一起最佳的互动时间，比如我做瑜伽的时候，孩子模仿我和我一起练，无所谓姿势是否标准，他的参与就是最好的陪伴，而让他知道妈妈是一个坚持锻炼的人，这样的积极暗示，也是对他很好的鼓励。

无论是在小区楼下做运动还是出去旅游做运动，我都会带着儿子一起，互相监督，既有仪式感又有意义。而想要瘦身永不反弹，唯一的方法就是不但要动起来，还要养成动起来的习惯。

一日三餐后，我都会坚持站半小时，而站立的场景无处不在，车站、地铁、超市、工作场地，总之，只要能让屁股离开座椅就行，可以站立，也可以走动，还可以随时利用碎片时间做踮脚尖运动，比如通勤的路上、带孩子玩时或休闲娱乐，这个习惯可以给我很积极的暗示：我正在锻炼身体，我在对自己的身体负责。

踮脚尖是一项很轻的运动，既不占用空间，还可以瘦小腿，让喜欢穿裙子的女性更好看，穿高跟鞋也显得腿修长，因为踮脚尖时，整个肚子、屁股都是收紧的状态，多多少少具有一些塑形的功能。

在家里，我会利用家里的阳台、桌子、洗衣机、孩子的榻榻米等一切可以利用的道具，进行压腿、扩胸、伸展运动，其实类似我们上学时的体操，简单易学，让自己一天紧绷的身体得到舒展，时间可以是15~30分钟，这样我们既不会有太大负担，也能很轻松地动起来。

我个人很喜欢做两组运动，一组是左右拉伸双腿让自己的身体得到舒展，另一组是双腿贴墙倒立，让血液回流，这两组运动给我最大的改变是身体柔韧性更好了，每次做完就像身体被按摩一样舒服。

守住好的身材，真的是三分练七分吃，管住自己的嘴真的很重要，我看过一句话很有趣：胖子只有吃撑了才会停，而瘦子则是不饿了就会停。

那句老话说得没错：早餐吃得像皇帝，午餐吃得像平民，晚餐吃得像乞丐。一天当中，早餐一定要吃好，晚餐要吃少，我一般7点之后不会再吃任何东西。但对上班族来说，加班开会应酬是常事。加班太晚了，可以顺便到公司附近吃点东西再回家，省得饿虚脱了再暴饮暴食，那样对身体更不好；遇到应酬时，嘴是长在自己身上的，拿筷子的手也是自己的，我们很难选择不吃，但可以选择吃什么和怎么吃。

晚餐，一定要少油少盐少辣，因为当时吃这些会很过瘾，但吃完之后，我们会发现口干舌燥，大量饮水后，胃部承受过多，晚上睡眠也会受到影响。

虽然这些道理我都懂，但我也有管不住自己嘴的时候，毕竟民以食为天，我曾经数次陷入这样的"坑"，但没关系，第二天咱们就少吃一些。

有些朋友对我说，晚餐自己确实吃得很少，但在临睡前会觉得很饿，肚子咕噜噜叫，简直就像是在自虐，这时，你可以选择吃一点易消化的食物，比如牛奶或干果，别让自己的胃太"受苦"了，内心也会因为这样的犒赏而有小确幸的感觉，前提是不吃油炸、辛辣等高热量食物。

我并没有试验过节食和轻断食的方法去减肥，因为我是一个传统饮食的人，一日三餐必须吃，而且是定点吃，如果你的身体条件允许，可以尝试着每周用一天轻断食，让身体体会一点饥饿感，也能清肠排毒。

在体验轻生活的过程中，我听到身边很多人说：你已经很瘦了，还用得着这样努力减肥吗？我总是笑着说：我不是减肥，我这是在保持身材。保持是瘦身很重要的一个标准，当我决定要轻生活时，就要自动屏蔽那些负面的声音，专注于自己所做的事，不为外界的声音干扰。

但我有时候并不能百分之百坚持自己所说的，也会被美食诱惑，但对我这样数学思维的人来说，小概率是我信奉的观点，今天不运动没关系，偶尔放纵一下没关系，只要它不会成为常态就行。

运动的效果是润物细无声的，要让自己时刻注意身材的变化，我还有两个小方法。第一个方法是经常"秀"身材，了解我的朋友都知道，我喜欢穿紧身的衣服，这样做不是为了秀性感，而是为了让自己直观地看到身材哪里有变化了；第二个方法，就是每天称体重，这是一个痛并快乐的习惯，很多女生抱怨说，自己假期一下子胖了10斤，而如果每天称体重，体重就不会一下子飙升那么多。

当然，我对身材的管控，不会仅用数字来衡量，我是使用弹性区间来调控的。冬天和春天、夏天、秋天采用两个不同的标准，在1.5斤的区间徘徊，当体重突破高线或冲下底线，我就会提醒自己注意饮食和运动，是运动量大了还是最近有压力，或者是放飞自我没管住自己的嘴，从结果倒推原因，从而调整自己的身体状态。

当然，如果运动时能找到一起的伙伴，会增强运动的动力和使命感，省得自己孤军奋战。我家楼下有个小健身广场，只要天不冷，就有一群人踢毽子。其中有一位姐姐，每天晚上都会踢很长时间的毽子，而她已经45岁了，经常运动的她，皮肤显得格外红润，状态也超好，和她一起踢毽子的，有男有女有老有少，每天都会互相督促运动。

我自己加入到了一个瑜伽公益小组，线上练习瑜伽，如果打卡次数低于标准，会被"罚款"用来做公益，既能起到督促作用又是一件很有意义的事。

这样的"轻生活"理念一路坚持下来，自然会收到许多来自朋友的赞美声。我从来没有因为赞美的话而感到飘飘然，因为这就是我的常态。没人规定女人生了孩子就要变懒、变丑、变胖，除非我们自己想这样。

如果你真的想做一件事，就算障碍重重，也会想尽一切办法去努力，不论是身材、身体还是生活状态，如果不满意，就从现在开始调整饮食，规律作息，坚持运动吧！日积月累，你迟早会成为别人眼中望尘莫及的那一个！

用共情力感知生命的深度

好朋友由于新换工作，再加上最近在公司面临岗位竞争的问题，很苦恼，一向有担当、不畏惧的她，忽然对自己没了自信，闺密安慰她说："你绝对没问题。"这位闺密非常看好朋友，也很信任朋友的能力，我能理解闺密这种肝胆相照的支持，但说实话，我不太喜欢这样"绝对"的加油，谁也不是天使，总会出问题，总会没自信，总会有感觉做不好的时候。这样的加油，或许会让对方感觉"我要做好，我要优秀，我必须扛起来"，难免会带来一定的压力。

"无论什么结果，都是最好的安排。"我对朋友这样说。朋友告诉我，她内心最真实的感受，为什么会对岗位排斥，内心的纠结的是什么，以及为何一开始没有讲出自己的感受。我才知道，她自己扛了这么多事。

朋友最终没有竞选上那个岗位，但她说：我很开心，反倒是轻松了，只是不知道接下来该怎么办。我安慰她说：先沉淀

下来享受当下，无论你做什么我都支持你。朋友笑着说：沉淀
下来，顺其自然！

　　成年人的世界，没有绝对的对与错。即便错了，也别错过
沿途的风景；遇到困难了，先暂停一下；发现瓶颈了，就试着
换个方向。生活有一百种问题，就有一万种应对的方法。

　　有一次，我约了一位年轻的博士聊天，聊了很多的事情，
他忽然问我：你最大的优势是沟通吗？如果放在以前，我会急
忙肯定，但这次我想了想之后说：不是，我觉得是"共情"力。
朋友有些疑惑地看着我，也许他已经很少听到共情这个词了，
我继续说：共情不仅是沟通和理解，更是让自己设身处地站在
他人的角度思考，这样能够很直观地感受和理解对方的情感。

　　回家的路上，我一直在想，我是从什么时候开始懂得共情
的呢？应该是从2015年开始做无障碍公益之后。

　　每个人在生命中的不同阶段，都会遇到自己力不从心的事
情，接触了无障碍公益我了解到：我们一生中大约有15%的时
间处于行动不便的时候，比如怀孕、推婴儿车、提重物、肢体
受伤和年老的时候，当我懂得了这些之后，我便更懂得共情给
沟通带来的良好促进作用。

　　2017年的时候，我们带着残障朋友去天津旅游，上午到达
入住宾馆后，却硬是进不去，因为门前唯一的坡道被一辆黑色

轿车堵住了，我们在门外打了半个多小时电话，一直没人接听，这期间，十一位残障朋友及其家属只能在初寒的天气里等候。

其间一位工人来酒店送货，本想利用坡道把货品拉到酒店，只能硬生生地抬上去了，几个大箱子相当费力，工人累得满头大汗，谁说坡道只是给残障朋友使用的？无障碍设施关乎我们每一个人的生活。

由于等待时间较长，我担心残障朋友到时见了车主会有情绪，其中一位老大哥主动说：咱们见了人家，别给人脸色，他自己也不知道坡道这么重要，更不知道今天咱们来了这里，这事不能全怪人家，他以后能记住就好了。大家听完都随声附和，朋友们还开玩笑说，正好借此机会欣赏一下天津的外景。

这样的话语让我很是感动，他们被堵在外面不能进酒店，有情绪很正常，但他们能从对方的处境考虑，为他人着想，我可能都做不到这样。

晚上，我们在外面找饭店，发现很多饭店有三四级台阶，轮椅搬上搬下很困难，找了好多家都不行，最后，当我们觉得要打包回酒店吃时，遇见一家百年老店——大肚锅贴，店主是位微胖的姐姐，看到我们后特别热情。虽然店外面也有台阶，但她说：没事儿，你们要是不嫌弃，我就把桌子搬到外面给你们用。我们都很高兴，这当然好了，露天吃饭也别有情趣。于是店主麻利地摆好桌椅，我们点了热乎乎的锅贴吃起来，不一会儿，店主又给我们端来两大盆疙瘩汤，她笑着说：知道你们饿了，喝点儿热汤，配着锅贴好吃，这是赠送的，不要钱，欢迎你们常来天津玩。

真的是用"盆"来装疙瘩汤的，店主是良心商家，热情周到，让我们每个人都非常感动，吃着这暖心的晚餐，这个城市在我们心里也更有温度了。

在推广无障碍公益的过程中，我们也设置了很多具有共情力的活动，其中最重要的就是轮椅体验和视障体验。轮椅体验，是邀请健全人体验1.5米的视野；视障体验，是邀请健全人感受三分钟黑暗出行。

这两个活动的共情价值在于，希望大家能从身体上感受残障人士出行的状态。当我们设身处地进入情景后，我们的心理感受是什么？我们可以去体验一下残障朋友们所感受到周边环境是怎样的。

每次活动的时候，我们都非常欢迎志愿者带着自己的孩子一起来参加，孩子是祖国的未来，他们的参与，会为无障碍公益发展投下美好的种子。

有位志愿者参加完活动后说：她自己坐轮椅上坡道时，如果不是同事在后面保护，就这30度的小斜坡，估计她自己都会后翻好几次。一路上看到人行道被汽车和共享单车占满，别说残疾人了，健全人行走都很难。很多朋友参加过这种公益活动后，才知道原来一个小小的坡道，一部直梯能带来这么多的方便，最重要的是，他们知道了无障碍是和我们每个人息息相关的事情。

是的，我所理解的共情，就是平等与尊重，当简单的事情重复做，重复的事情用心做，让少数人受到最大的尊重，才是一个好城市该有的样子，因为生命中有了共情，爱这个"东西"才会更有生命力。

去年，我们做无障碍随手拍活动时，发现盲道被占用的情况特别普遍，汽车占用、设施占用、自行车占用等等。

我有幸曾和一些视障朋友深入交流，他们说，现在还有很多人不了解什么是盲道，出行时，他们最怕的不是没有盲道，而是遇到"残疾盲道"，比如电线杆上的铁丝正好在盲道上，使用盲杖很难探到，视障人跌倒的风险就很大；还有一些马路牙子，有深有浅，危险性非常高；更要命的是，有的门口不让车上便道，用实心球放在盲道正中央，视障人士特别容易被绊倒；汽车停在盲道上，久而久之，盲道就陷下去了，或者碎了，造成盲道损坏。

上学时有一件事，我还挺骄傲的，大学四年，我一共义务献血四次，每次四百毫升，这是我大学做过最有意义的事情之一。

记得第一次献血，是在我生日时，献血的初衷很简单，就是觉得有人会需要我的帮助，之后和老公认识，我也鼓励他去献血，于是他第一次献血就是我陪着，想想真是奇妙而有意义的瞬间。

在亲子关系中，共情力也显得尤为重要。前两天，我情绪特别低落没能量，蹲下来握着孩子的手问：妈妈是一个好妈妈吗？孩子说：是啊。我说：我怎么好了？他说：你说话好，讲书也好，你生气时都好。

我真的被最后一句话感动了，如果孩子只说我的优点，我可能没那么大感触，但他竟然对我说"你生气时都好"。因为我曾多次为自己生气而懊悔和自责，可孩子理解我，宽慰我，这让我感到了莫大的爱和理解。

很多时候，我们对孩子也需要设身处地想一想，为什么孩子不想写作业？他是累了，是学不会，还是有情绪问题？当我们一遍遍喊孩子，孩子纹丝不动，他是没有听到，是抗议，还是在忙别的？

有一次我们家出现了这样的情况：喊了多少遍孩子都不出来吃饭，家里人都要发飙了，我过去问孩子，孩子说：奶奶说了，不玩就要先把玩具收好。原来，孩子只是在按照我们教他的方式处理自己的生活，他不是不听话，是因为当下，他只能先遵守一个规则。

当时我就抱着孩子说：下次大家催你时，你可以把在做的事讲出来，这样我们就能理解你了。

当我遇到工作困难时，会听到我朋友说：至少你有可爱的儿子和幸福的家，为什么还这么拼命虐自己？我知道朋友的好意，可是我无法做到守着我的家人就这么稀里糊涂过一辈子。年轻时，我也需要创建一个舞台去展示自己的才华和价值。

在我身边，三十岁上下还单身的优秀女生很多，有次一位老同学对单身的朋友说：至少你有一份体面、高薪的工作，哪像我们，老板拼命压榨，到手的工资很少。虽说同学想用这句话来安慰朋友，但他并没有看到朋友独立坚持的是什么。

如果是懂得共情的人，肯定是会这样说：你的努力奋斗，是因为你清楚自己想要的是什么，或者，你一直在探索自己潜能到底有多大。爱情是有时差的，无论何时遇到，你都不能停下自己的脚步，这股勇气不是谁都有的。

生命需要共情，它是温柔的善良，朴素的真诚，更是对生命的尊重和敬畏，而这，其实是我们每个人与生俱来的能力，问题在于你是否能看到它而已。

耐得住寂寞，才有所谓开挂的人生

记得大学第一节高数课，老师就对我们说：学数学，要耐得住寂寞。这句话我一直记到现在。

上学期间，我一直"官运"不错，本科在男生远远多于女生的理学院，从团支书、学习部部长，到大三当上了学生会主席，这一路的"官职"对我改变很大，培养了我多维思考和决策的能力，以及处理各种关系的能力，更让我发现自己以前那点儿小聪明和小能力是多么不足挂齿，很多缺点和不足暴露出来，但我也欣喜地看到自己的潜力。

创业之后，我也会经常在夜晚被各种压力搞得难以入眠，但第二天我还是会打鸡血似的继续奋斗。当看着别的团队日进斗金时，我会更加坚定地守住自己的初心去奋斗，在这个坚守的过程中我越来越觉得，只有耐得住寂寞，才能迎来成功。

前不久，一位朋友对我说，她运营项目有好几个月了，项目价值以及前景肯定没有大问题，但光靠现在的人员，按照这样的模式去推动，觉得很吃力。团队里的人，有些着急见到收益，运营工作都推到她这里，因为项目还没持续收入，想要多请人也很难。

我的这位朋友不是不愿去做，只是开始自己瞎琢磨，现在付出这么多，和之前自己经营生意时的收入相差甚远。创业期间，也有其他团队向她示好，而如果想把当前的项目做大，就必须吸纳更多人才，但守着现状不去解决问题，谈何更大的发展？

面对里里外外的杂事，她迷茫了起来，下一步该怎么办？是继续不求结果的三年计划一步步来，还是当下就吸纳外来资源和团队，或者直接选择放弃，追随自己的意愿去闯荡一番？最后她说了一句挺文艺的话：春天来了，万物复苏，我觉得自己的初心开始动摇了。

听到朋友的话语之后，我多少能理解她的心境。耐得住寂寞并且卧薪尝胆坚持数年的人，在如今这个一切都讲究效率以及即时利益的时代，真的很少见。青春只有一次，时间去而不返，我们每个人都希望在最好的青春年华创造应有的价值。

我对朋友说：你可以先问问自己，这个项目你想做成什么样，你坚持的理由是什么，如果放弃，那么理由又是什么，任何的项目都需要沉淀，你愿意守住这份寂寞吗？话虽然这么说，但我很敬佩这位朋友，每周她都会在很多微信群分享自己的微课，不断吸收来自各方面的知识。

很多人用自己的优势去解决问题，难得的是，一些人用自己还称不上是优势的技能不断坚持和修炼，我的朋友就是这样。在这个坚持的过程中，我被她的认真所打动，所以我完全能理解朋友在面对需要持之以恒投入精力的事业和产出比时的纠结和迷茫。

现实生活中，有这样一种人，虽然他赢了许多比赛，但在最重要的比赛中输了。这是为什么呢？因为当一个人对环境越来越适应，并且获得对当前比赛的更多经验时，他就会没了危机感，同时最可怕的是环境一直在变，而且越变越快，他自己却还在用以往的经验来应对新的环境以及局面，这样的思维怎么可能赢得最终的比赛呢？

创业这件事情，不是沉下心去静等花开，而应该根据环境的变换以及其他的现有条件，不断改变自己的策略和思维，让自己去适应环境而不是让环境来适应你，在这个不断适应的过程中，积累所有的经验，这其实就是一种变相的"耐得住寂寞"，当"耐得住寂寞"，经验累积得更加深厚之后，厚积薄发便是一件非常自然的事情了。

前几天，我和韩哥去拜访一位从事无障碍公益事业的企业专家，她年龄略微比我们大点，但气质精神非常好，交谈的过程非常顺畅，她特别开放地诉说了很多她这些年做残障事业时踩过的坑和可以借鉴的经验，她的几句话让我非常认同：必须先沉淀，不问结果地沉淀，才可能遇见量变到质变的时刻。

创业初期，她拿着自己的钱去做公益，在公益活动中不断积累经验，几年摸爬滚打之后，才有了她现在事业的风生水起。再之后，当她的事业更加成功的时候，各地朋友便前来向她取经学习，她的心态也非常开放，希望和行业伙伴一起将无障碍公益事业做大做精，这种开放共赢的心态，让我深深佩服。

作为一个思维活跃，性格外向的人，我一方面喜欢热络的环境和人沟通，但同时喜欢享受一个人静静地思考和写作，可以动若脱兔，也可以一天不出家门闭关修炼，但这种日子能坚持多久？3天还是1周？我无法做到"封闭自我"太久，生活需要一定的弹性，既要耐得住寂寞，又要享受得了芳华的岁月，因为，张弛有度的生命才更有趣。

看看我们如今的朋友圈，很多微商都风生水起，一个月收入抵得上普通人半年甚至是一年的收入，这个时候我们会怎么想？只要动动手指就能挣钱，还是守住自己眼前的一亩三分地？

真实的情况是，那些优秀的微商，在光彩亮丽的成绩背后，是白天忙碌，半夜都在努力工作。很多微商都是女性，她们既要照顾孩子经营家庭，又要挣钱养家，每天只睡四五个小时，面对一次次的拒绝，她们耐得住寂寞一遍遍地发广告，一句句地和用户沟通，做好繁重琐碎的每一件小事。

我从喜欢写作到爱上写作，这个过程轻松吗？不，没有一丁点儿的轻松，有的全是煎熬，一方面可能是因为"写久生情"，一方面可能是因为自身的性格外向。而创业需要有克制和思辨，写作让我学会了自我审视以及精准把控自我内心情感的输出，同时教会了我享受这份寂寥和落寞，在张扬中不张狂，在绽放中懂得自律。

刚开始的时候我并不懂这些，一味讲求做事的效率，立刻执行一切能想到的点子。在写作这件事情上，一开始我欠缺深耕细作，我的写作教练语重心长地说我是一个厚积薄发的人，别着急，把当前的这些事情做好了，日后一定会很厉害。

我当时就在心里说：教练，你是在安慰我吗？让我耐得住当下不出成绩的时刻，可我没有太多释然，依然很沮丧和焦虑。

随着时间的积累，我开始慢慢理解这句话了，只有耐得住寂寞，才能守得住自己的初心，聚焦内容的本质，接纳当下的自己，无论速度快慢，无论面对掌声还是质疑，都应该先把自己的基础打好。

拿"娱乐圈"来说，本就是一个很浮躁的圈子，但其中还是有很多耐得住寂寞、厚积薄发的榜样。比如黄渤老师，在"颜值"

当道，"鲜肉"横行的圈子里，好像老天并没给他进演艺圈的机会，但他不眼馋，不争不抢，一步一步走上了自己的事业巅峰，曾经唱过的歌，跳过的舞，玩命拍过的戏，最终都成了他实力的勋章，所以说老天是公平的，从不亏待每一个努力的人。

吴军老师说："不用担心你的起点差，因为大部分人都跑不完全程，跑着跑着他们就停下了。"人生本就是一场马拉松，有的人前半程发力，有的人后半程爆发，耐力比一时的速度更重要，因为只要有对的方向再加上你的坚持，才能见证厚积薄发的荣耀时刻。

别因为别人的行为就打乱了自己的节奏，耐得住寂寞，我们总能在黑暗的隧道中寻找到属于自己的光。

致谢：这一路有多艰难，就有多值得

首先，说说小时候。

别看我现在一副知书达理的样子，其实小时候，在我母亲
那个大家族里，我可是一个"小刺头"的形象，我会在母亲睡
着的时候，把一个个鸡蛋摔在地上，姥姥会因为我调皮而把我
放到水缸里让我爬不出来，我还会较真地去反驳别人批评的话。

没错，我和那些乖巧的姐妹完全不同，就是一个典型的反
面教材。

但在学校里，我一直表现得很温顺，学习成绩一直都不错，
虽说算不上是那种"别人家的孩子"，但一路过来没让家人多操
心。

小时候身上的"人来疯"特征随着时间慢慢没了，后来
便成了现在很多人说的激情和主动的我，我想这是生活馈赠
我的礼物，但是这一路走来的艰难，只有我自己心里清楚。

这一路走来，真的是有多艰难就有多值得。

其次，关于这本书。

小时候，我曾夸下海口：长大后我也要出书。现在想来，那时候的我真是天真又好笑。

我喜欢和朋友沟通，嘴里还时不时冒出一些让身边人觉得很"鸡血"、很"鸡汤"的话，我自嘲地说过，今后我要出一本书，叫《媛媛语录》。

也许真是念念不忘，必有回响。这本书从2019年1月开始创作，截至3月3日，2个月的时间便完成了初稿，其间经历了春节和MBA毕业论文赶稿，我已然使出了洪荒之力。

可我知道，这样的成绩背后，是过往三十多年的不断成长和沉淀。

因此在这本书中，你会读到许多关于我家庭、求学、工作、创业的故事，以及一路上遇见的同学、朋友、老师、爱人、同事、合作伙伴的经历和一些思考。我希望用一颗真诚的心，给在纷繁复杂的生活里成长、迷茫、奋斗、徘徊的人，传递向上的温暖和力量。

而我，这段时间牺牲了陪伴，牺牲了休闲，牺牲了热络，选择了孤独，选择了敬畏，选择了一条不好走的路，但这是一段苦中有乐，值得怀念的人生经历。

最后，感谢那些曾经和正在帮助我，爱我的人。

　　用我一直很喜欢的话作为本书的结尾：生命的魅力不在于你飞得有多高，而在于当你跌入谷底时，弹起的力量有多大。

　　祝福每一位奋斗中的追梦人！